普通高等教育“十四五”规划教材

C语言程序设计

主　编◎龚义建　姚　远　黄玉兰
副主编◎黄文文　卢云霞　叶　佩

華中科技大學出版社
http://www.hustp.com
中国·武汉

图书在版编目(CIP)数据

C语言程序设计/龚义建,姚远,黄玉兰主编. —武汉：华中科技大学出版社,2022.2(2024.12重印)
ISBN 978-7-5680-7890-0

Ⅰ.①C… Ⅱ.①龚… ②姚… ③黄… Ⅲ.①C语言-程序设计 Ⅳ.①TP312.8

中国版本图书馆CIP数据核字(2022)第006453号

C语言程序设计
C Yuyan Chengxu Sheji

龚义建　姚　远　黄玉兰　主编

策划编辑：聂亚文
责任编辑：史永霞
封面设计：孢　子
责任监印：朱　玢
出版发行：华中科技大学出版社(中国·武汉)　　电话：(027)81321913
　　　　　武汉市东湖新技术开发区华工科技园　　邮编：430223
录　　排：武汉创易图文工作室
印　　刷：武汉市洪林印务有限公司
开　　本：787mm×1092mm　1/16
印　　张：12.75
字　　数：343千字
版　　次：2024年12月第1版第2次印刷
定　　价：40.00元

前言

PREFACE

C语言是应用广泛、极具影响力的程序设计语言之一。高校理工类专业，尤其是计算机专业的学生，其计算机的应用能力，特别是程序设计开发能力的培养往往是从C语言课程的学习开始的。

一门程序设计语言入门级教材，如果偏重于理论和概念的系统教学，拥有过多的语法结构和语法规则的阐述，会让初学者感觉枯燥、失去兴趣。过多的诸如“解方程”类题目案例的讲述也不利于初学者对编程产生兴趣、尽快地了解和掌握程序设计的基本方法和基本技能。这样，一本通俗易懂、简明扼要、由浅入深、引入生动案例的“编程起步型”教材就尤为重要。

本书的编写者对于目前高校在应用型人才培养中所遇到的教学问题，试图做些有意义的探索和尝试。高校应用型软件人才培养，要打破以学科为特征的传统教学方法，避免涉及过多的理论和概念的阐述，应注重专业技能和实用技术的培养，强调实践环节，学以致用。基于这种指导思想，本书在编写过程中力求做到相关概念、理论及应用均以基本要求为主，突出实用性，突出C语言的主要成分。

本书具有以下特色：

(1)突出重点。本书内容层次清楚，脉络分明，阐述问题由浅入深，循序渐进；各章知识重点突出，通俗易懂；把问题讲清楚、讲明白、讲透彻，又不累赘，同时删除了一些陈旧和过多的理论内容。

(2)以应用为导向。本书注重培养学生的学习兴趣，使初学者在较短的时间内掌握程序设计语言的基本概念和基本语法规则，尽快地开始程序设计工作。突出语言的应用，而不是语法规则的罗列，“站在学习者的角度”剖析知识点，通过大量的实例来阐述各章的知识点，保证学习效果。

(3)注重程序设计思想的指导和编程能力的培养。本书不提倡为了学习知识点而深挖每个知识点的点点滴滴、层层面面，而应引导学生去分析与思考每个知识点对提高编程能力的影响。因此，本书注重培养学生掌握和了解程序设计最基本的设计思想和方法，并能灵活应用，同时为后续面向对象程序设计语言的学习奠定良好的基础。

本书共分为九章，内容包括C语言概述与集成开发环境介绍、顺序结构程序设计、选择结构程序设计、循环结构程序设计、数组、函数、指针、文件与结构体和算法初步等。每章都安排有习题，以便加强读者对所学章节主要知识点的理解与掌握。书中所给出的实例程序全部在 Visual C＋＋ 6.0 环境下调试通过。

程序设计是一门实践性很强的课程，读者在学习的过程中一定要重视实践环节，要结合C语言基本概念和基本规则的学习，加强上机练习和训练。为配合读者学习和实践训练，我们同时编写了《C语言程序设计实训教程》，主要用于上机实验、计算机等级考试备考训练和C语言课程设计指导，与本教材配套使用。

本书的作者都是长期在一线教学多年并具有开发和授课经验的大学教师。参加本书编写工作的有龚义建、姚远、黄玉兰、黄文文、卢云霞、张樊、李昊松等。在本书的编辑和出版过程中，华中科技大学出版社的编辑付出了辛勤的劳动并给予了多方面的支持和指导，在此表示衷心的感谢！

由于编者水平有限，书中难免有不妥和错误之处，敬请读者批评指正。

目录

CONTENTS

第1章 C语言概述与集成开发环境介绍

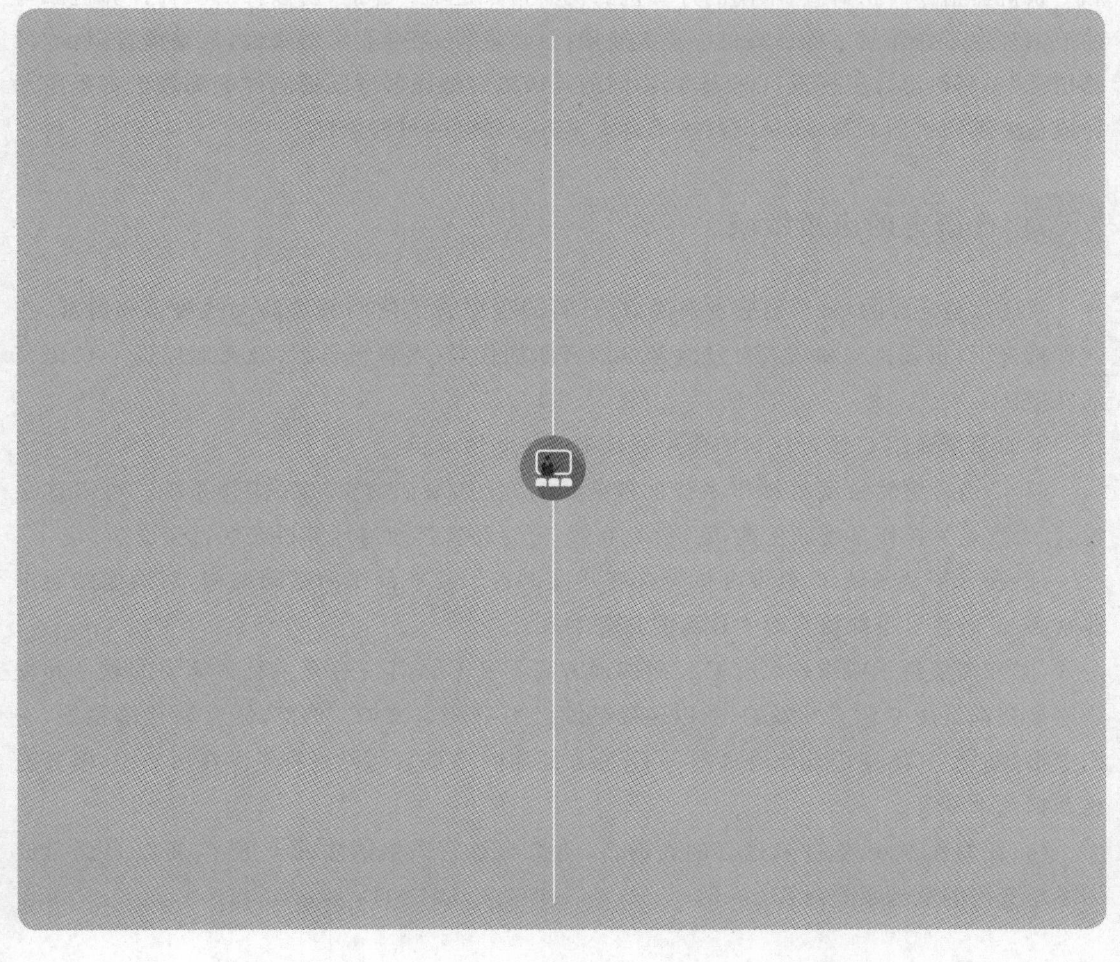

学习程序设计本身是一件既充满挑战更充满乐趣的事情。C语言是世界上最流行、使用最广泛的高级程序设计语言之一。美国贝尔实验室是当时业界极具盛名的科技界梦工厂，其麾下两名工程师 Ken Thompson 和 Dennis M. Ritchie 在 1972 年推出 C 语言，他们也因此获得了计算机界的最高荣誉图灵奖。

1.1 C语言的那些事

说起C语言的发展历史，就不得不说到机器语言。计算机能够直接读懂的语言叫作机器语言，它所有的语句都是由“0”和“1”两个数字构成，并不是给人看的。当世界上最后一个机器语言程序员“消失”以后，人们开始琢磨怎么让计算机读懂自然语言。基本思路是做一个翻译程序，直接把自然语言翻译成机器语言。这种翻译程序被称为“编译器”。但是直到现在还没有完全实现让计算机直接理解自然语言，所以人们开始设计一种尽量接近自然语言且能被精确翻译为机器语言的语言，这种语言就是编程语言。比如现在流行的C语言、C＋＋语言、Python语言、Java语言、C＃语言等。

学习编程的过程，其实就是学习怎样用编程语言说话让编译器听懂的过程。在设计初期，第一种编程语言肯定是最接近机器而远离人类的，它就是汇编语言。它的每一行语句都和一条机器指令严格对应，不同的计算机的机器指令是不一样的，所以针对一种计算机编写的汇编程序不能在另一种计算机上直接使用，必须重写，用专业术语来说，汇编语言缺少“可移植性”。高级语言更接近自然语言，不同的高级语言编译器可以把同样的高级语言程序翻译成适应不同机器的指令，所以高级语言大多具有较好的可移植性。

1.2 C语言的应用领域

C语言是开源的，对于创造者来说，自己写的程序有人使用就是最大的快乐和财富，在这种精神下，很多机构和个人自发地为C语言添加代码、做各种贡献，极大地促进了C语言的发展。

下面简单介绍C语言在目前应用领域中的一些情况：

(1)C语言仍然是编写操作系统的首选语言，比如最初的UNIX操作系统。可以这么说，C语言是为操作系统而生的，它灵活、高效，更容易直接地与计算机底层打交道。

(2)在云平台领域，C语言可作为首选开发语言。云平台作为基础架构，对性能的要求非常高，C语言是目前执行效率最高的高级语言。

(3)在需要继承或维护已有C代码的地方离不开C语言。有很多有影响力的软件和程序库最初都是用C语言开发的，所以还要继续应用C语言维护。当然，随着时代的发展，它们中很多已经开始使用其他语言重写了，原来的那些C语言代码终将淹没在历史中，但其思想和精髓永不灭。

(4)在编程领域，学过C语言的人最多，熟悉C语言风格语法的人更多，所以C语言成为思想交流的首选媒介语言。

1.3 为什么要学习 C 语言

坦率来说，C 语言的应用面并不十分宽泛，市场需求量也不算大。对于并不想成为开发高手或者兴趣不在底层开发的人，"用不上"这三个字使得学习 C 语言成了"从入门到放弃"的过程，即使对计算机及相关专业而言，C 语言的用处也不算大。学习 C 语言的意义并不在于使用它，而是可以更直接地了解一些计算机底层原理，这是在其他高级语言中很难体会到的，这些原理虽然不常直接用到，但它们潜移默化的影响是惊人的，总是在关键时刻发挥作用。

通过 C 语言学习编程，了解什么是抽象、递归、复用等计算思维，能在各行各业中更有效地利用计算机工具解决复杂问题。

常用的编译软件有 Microsoft Visual C＋＋、Dev-C＋＋、Microsoft Visual Studio、Borland C＋＋、GCC(Linux 系统下最常用的编译器)和 Microsoft C 等。

1.4 Visual C＋＋ 6.0 工作环境介绍

本书中所有的示例都在 Visual C＋＋ 6.0(简称 VC 或 VC6.0)中实现。VC 可以在独立文件模式和项目管理模式两种模式下使用。当只有一个文件时，可以使用前者；当程序比较大，一个程序需要由多个源程序文件组成时，使用后者，这时所有源程序文件合在一起共同构成一个程序，在 C＋＋中称为一个"项目"。

安装好 VC 后，通过"开始"→"所有程序"菜单，找到"Microsoft Visual Studio 6.0"菜单，单击其中的"Microsoft Visual C＋＋ 6.0"选项，即可打开 VC。VC 的界面如图 1-1 所示。

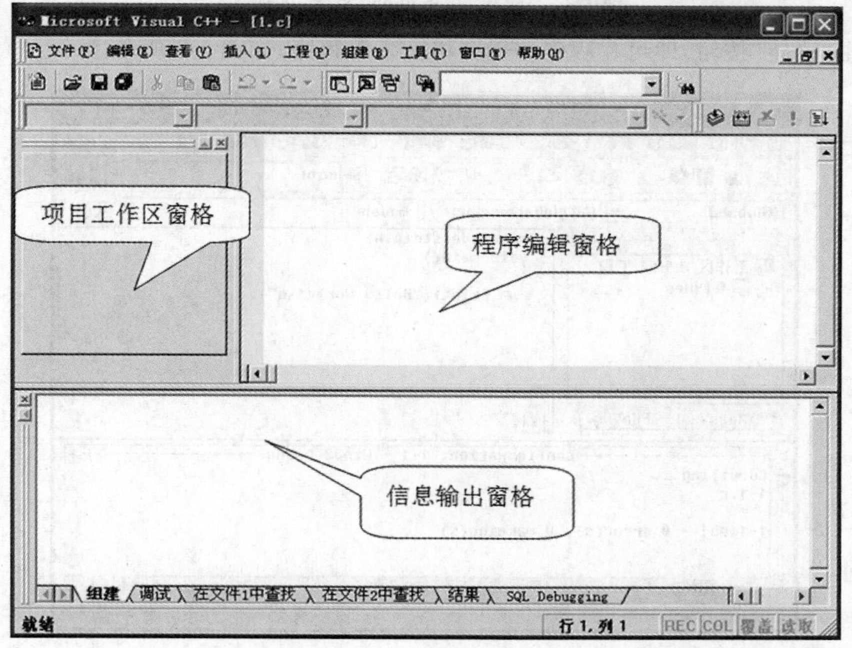

图 1-1　Microsoft Visual C＋＋ 6.0 程序窗口

1.4.1 创建源程序

(1)在"文件"模式下创建源程序。

具体步骤如下:

①单击"文件"菜单→"新建"命令,打开"新建"对话框。

②在"文件"选项卡中,选择"C++ Source File "选项。

③在右侧的"文件名"文本框中输入 C 程序文件名(扩展名应该是 .c,也可以是.cpp,.cpp 是 C++的源程序扩展名)。

④在右侧的"位置"文本框中给出所建文件的路径,如图 1-2 所示。

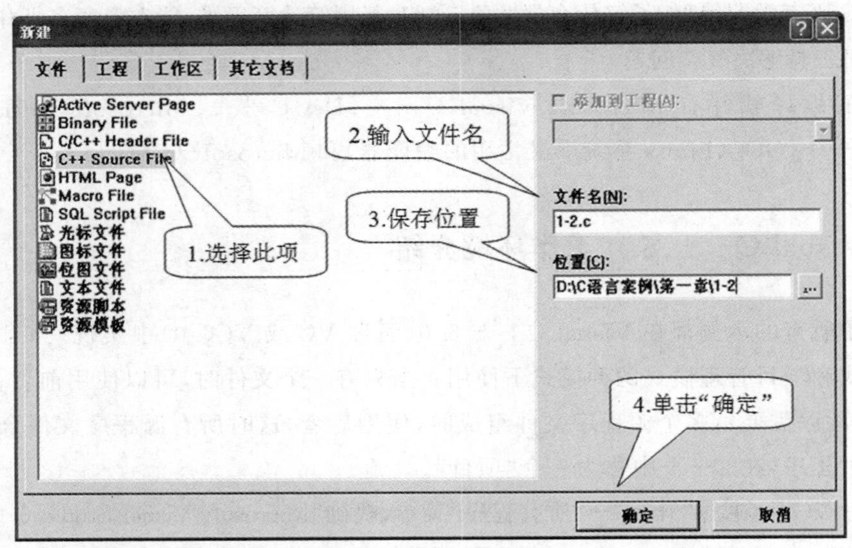

图 1-2 "新建"对话框的"文件"选项卡

⑤单击"确定"按钮,即可在程序编辑窗格输入源程序,如图 1-3 所示。

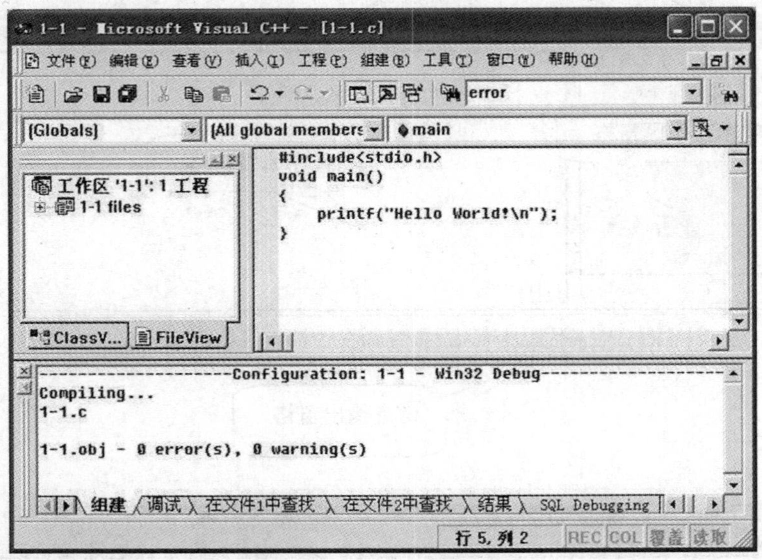

图 1-3 输入源程序

(2)在"工程"模式下创建源程序。

具体步骤如下:

①建立工作目录。建立一个用来存放源程序的文件夹,如"D:\C 语言案例"。

②建立工程项目。单击"文件"菜单→"新建"命令→"工程"选项卡,按照图 1-4 所示的步骤进行操作。VC 是按项目目录进行管理的,把与本项目相关的文件放在一个目录下,包括工程文件 *.dsw、*.dsp,程序源文件 *.c、*.cpp,以及在 debug 目录下的可执行文件 *.exe 和中间文件 *.obj、*.ilk 等。

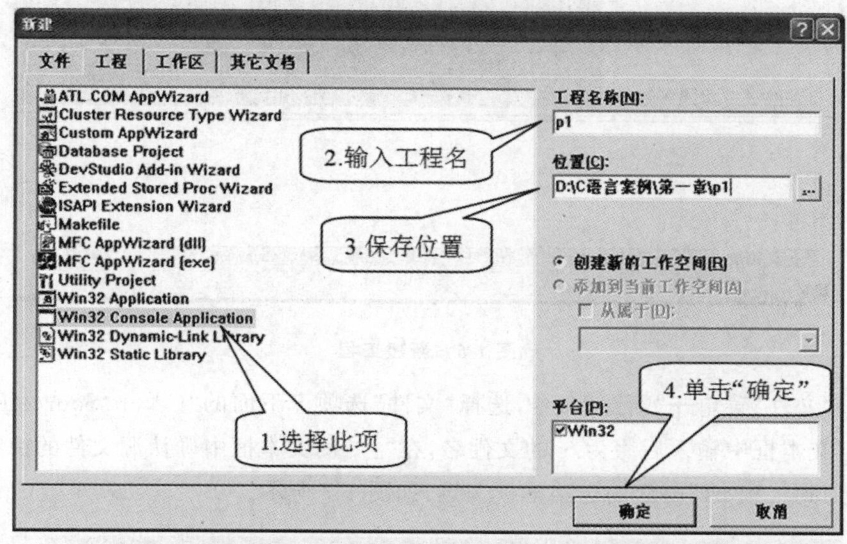

图 1-4 "新建"对话框的"工程"选项卡

③选择要创建的程序类型,如"一个空工程",单击"完成"按钮,如图 1-5 和图 1-6 所示。

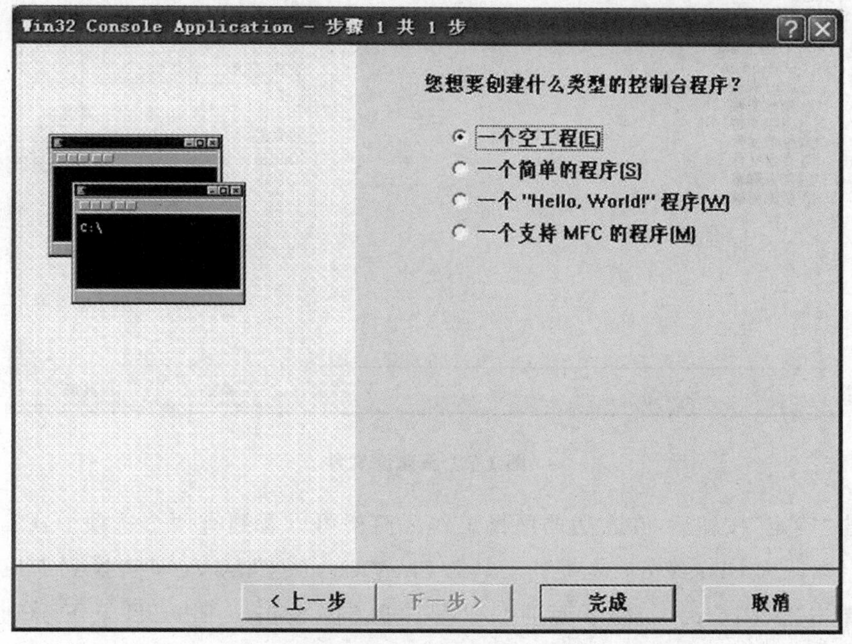

图 1-5 控制台程序类型对话框

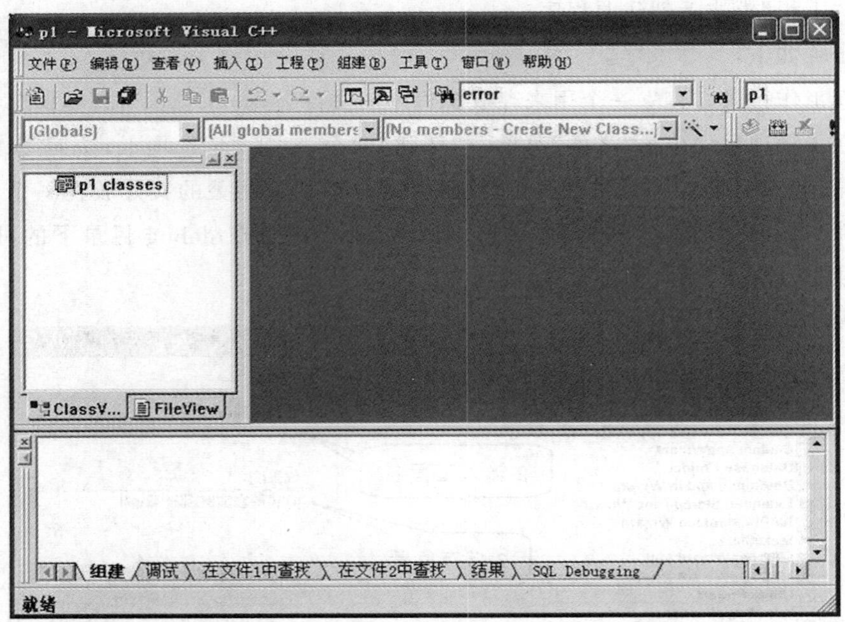

图 1-6 新建工程

④单击“文件”菜单→“新建”命令，选择“文件”选项卡下面的“C++ Source File”选项，在“文件名”文本框中输入后缀为.c的文件名，在“位置”文本框中确认源文件的保存路径，并且确保“添加到工程p1”前面的选项框被勾选，如图1-7所示。

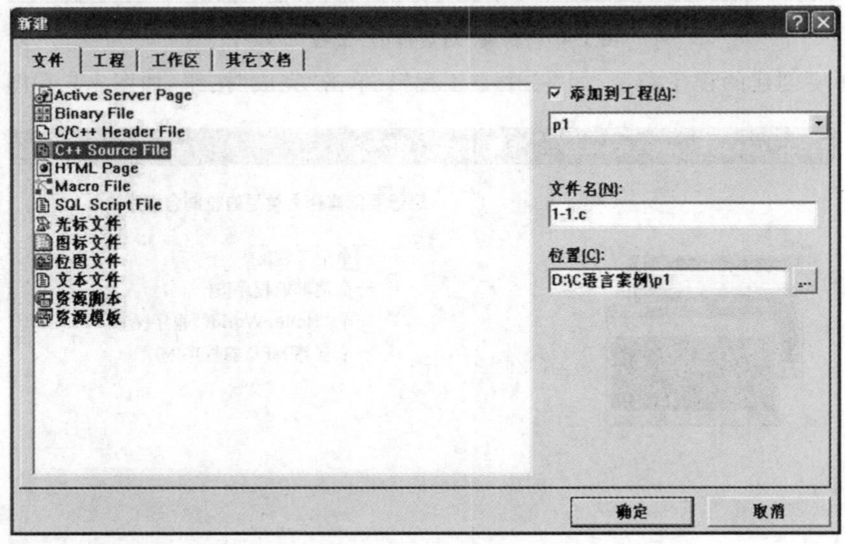

图 1-7 新建源文件

⑤单击“确定”按钮后，在左边的项目工作区窗格可以看到有两个选项卡：ClassView 和 FileView。默认为 ClassView 选项卡。单击 FileView，从 ClassView 切换到 FileView 选项卡。逐步单击工作区 p1 工程下面的“+”号，可以在 Source Files 目录下看到刚才新建的 1-1.c 源文件，此时可以在右边的程序编辑窗口输入源代码，如图1-8所示。

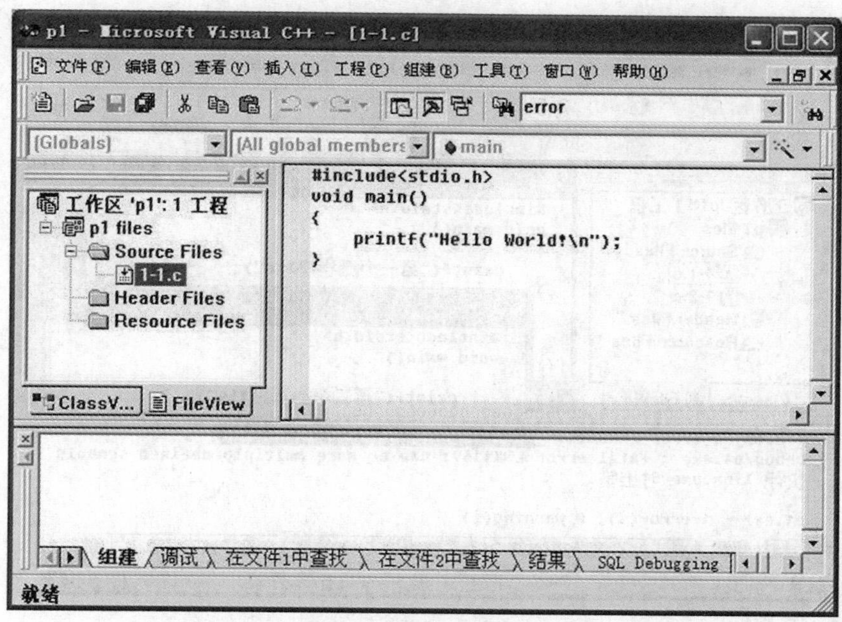

图 1-8 查看和编辑源文件

注意:工作空间可以包含多个工程,工程又可以包含多个程序文件,工程与工程之间互不影响,工作空间类似于文件夹,工程类似于文件夹中的文件。

连续创建源文件时,要退出 VC 或选择"文件"→"关闭工作空间"命令,如图 1-9 所示;然后再选择"文件"→"新建"命令创建第二个源文件。这是因为如果工作空间里已有打开的工程,再连续创建新的文件,系统运行时会有多个 main 函数,而 VC 在执行源程序的时候总是从 main 函数处开始的,所以程序无法得以运行。不关闭工作空间连续创建源文件时产生多个 main 函数,导致系统提示错误,如图 1-10 所示。

图 1-9 关闭工作空间

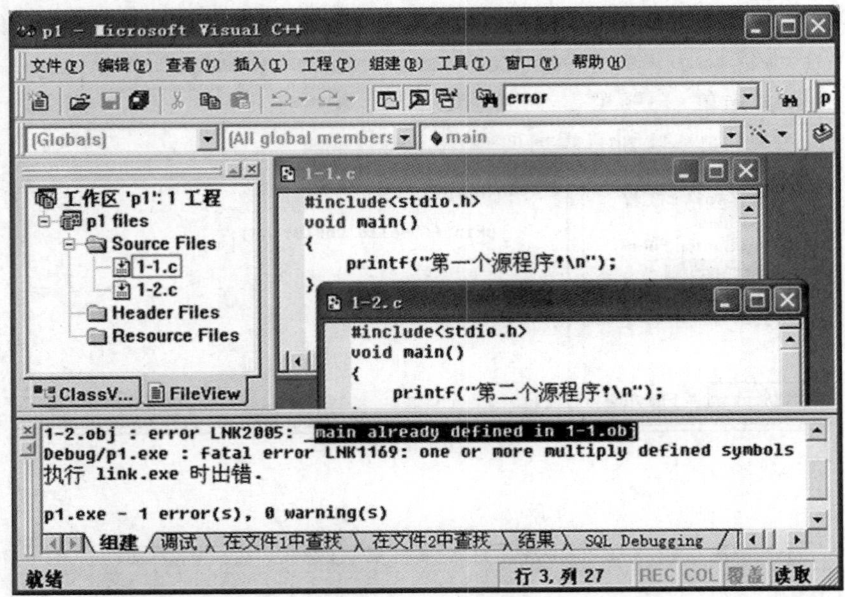

图 1-10 多个源文件连接时提示错误界面

1.4.2 代码编辑

在程序编辑窗口内可以进行类似于 Word 中的一些编辑操作，如复制、粘贴、剪切、撤销与恢复、删除、查找与替换等。这些功能为代码的编辑操作带来了极大的方便。实现方法有三种："编辑"菜单、"标准"工具栏或者相应的快捷键。

VC 还提供了其他编辑功能。例如，通过单击"编辑"菜单→"高级"菜单，可以实现对选择的代码进行大小写转换。通过"工具"菜单→"选项"命令→"制表符"选项卡，设置制表符大小，输入时自动实现缩进，可以使代码整齐、规范。同时，在程序源代码的编辑过程中可按下 Ctrl+S 键进行保存。（小提示：选定编辑区域中的语句，按下 Alt+F8 组合键可以实现自动排版。）

1.4.3 编译、连接和运行

C 程序的开发过程如图 1-11 所示。

编译是将高级语言程序翻译成机器能直接识别和执行的二进制代码，并生成 object 目标文件，其扩展名为. obj。此阶段编译程序还会检查语法错误，如果程序有语法错误则需返回修改，直至没有语法错误，才能通过编译。

编译生成的目标文件是二进制文件，但不能被直接执行，需要一个连接的过程。连接就是把目标文件与系统的函数库以及与该目标有关的其他目标文件连接起来，形成一个可执行文件，扩展名是. exe。连接的时候如果连接程序不能在所有的函数库和目标文件内找到所引用的函数或者变量，就会提示出错。

编译和连接成功后，运行可执行文件，系统弹出一个显示程序运行结果的窗口，设计人员可以查看到程序的运行结果。如果程序需要从键盘输入数据，则在运行程序后，光标会停

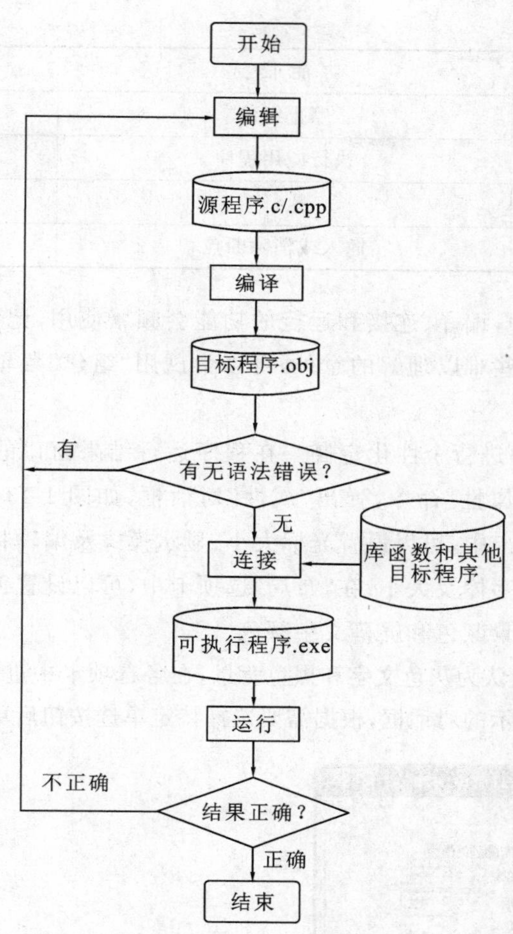

图 1-11　C 程序开发过程

留在用户屏幕上，要求用户输入数据，数据输入完成后程序继续运行，直至输出结果。

在 C 开发环境中，可以通过"组建"菜单或"编译微型条"工具栏（如图 1-12 所示），实现编译、连接、运行及调试。"编译微型条"工具栏中各按钮的功能含义如表 1-1 所示。

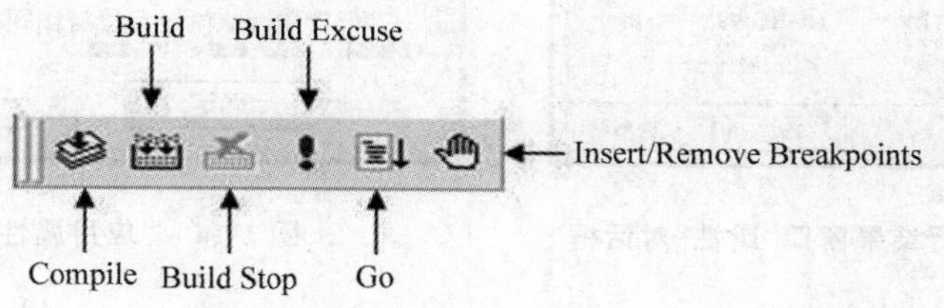

图 1-12　"编译微型条"工具栏

表 1-1　"编译微型条"工具栏中各按钮命令的功能

按钮命令	功能描述	快捷键
Compile	编译 C/C＋＋源程序文件，生成. obj 文件	Ctrl＋F7
Build	组建，生成. exe 文件	F7

续表

按钮命令	功能描述	快捷键
Build Stop	停止组建	Ctrl+Break
Build Excuse	执行应用程序	Ctrl+F5
Go	执行	F5
Insert/Remove Breakpoints	插入或消除断点	F9

在程序的调试过程中，编译、连接和运行的功能会频繁使用，记住快捷键往往会事半功倍。另外，偶尔会出现一些难以理解的意外，可以尝试用“组建”菜单中的“全部重建”命令，可能有意外收获。

可以对VC工作界面进行个性化定制。在程序运行结果窗口的标题栏处右击鼠标，在弹出的快捷菜单中选择“属性”命令，弹出“属性”对话框，如图1-13所示。该对话框中有4个选项卡：在“选项”选项卡中，可以设置光标大小、显示模式及编辑特性等；在“字体”选项卡中，可以设置屏幕文字的字体及大小；在“布局”选项卡中，可以设置窗口大小等；在“颜色”选项卡中，可以设置屏幕背景颜色和屏幕文字颜色。

程序运行输出窗口默认为灰色文字和黑色背景，在各选项卡中进行相关设置，单击“确定”按钮后，会弹出图1-14所示的对话框，根据需要选择特定单选按钮后单击“确定”按钮即可。

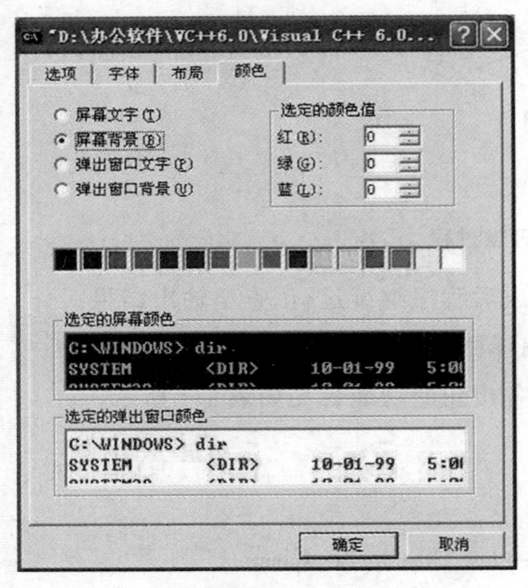

图1-13 程序运行结果窗口“属性”对话框

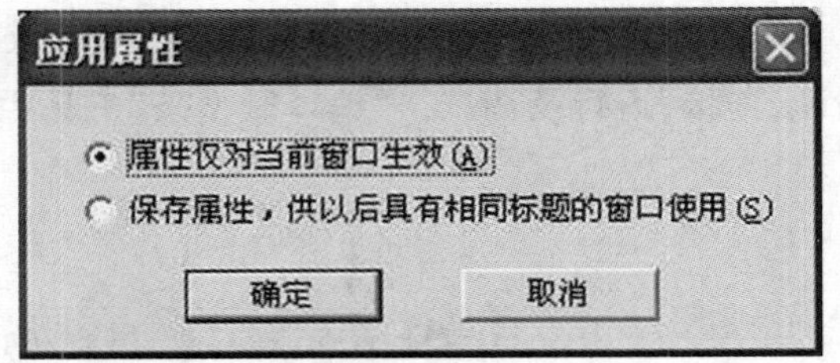

图1-14 “应用属性”对话框

1.4.4 程序调试

VC提供了强大的调试功能，但对于错误的算法，编译程序检测不出来，这种情况往往是程序能够通过编译并运行，但结果不正确，所以对于初学者而言，需要下一些工夫才能改正。设置断点，可以辅助修改各种错误，尤其是逻辑错误，同时还可以观察程序每步执行的结果。建议刚开始学习时，把注意力放在程序的编译、连接和运行上，以能运行为目标，而调试这部分则放到学习了后面几章后再看，只有具有一定的程序语句量，调试才起作用。

(1)设置断点。

将鼠标定位在需要暂停执行的那一行代码上，按快捷键 F9 插入断点，该行左边出现一个圆点(红色的)，表示设置了一个断点，如图 1-15 所示。如果该行已设有断点，再按快捷键 F9 则取消该断点。

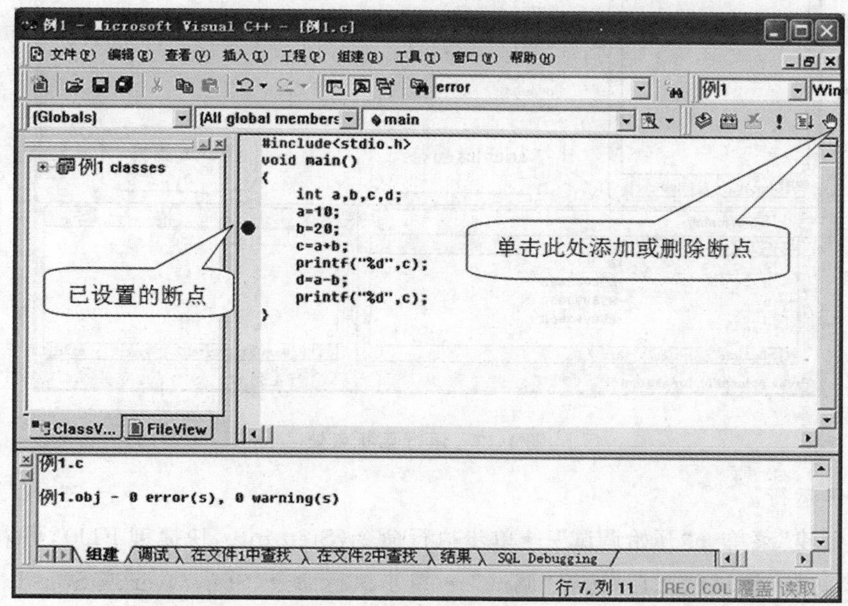

图 1-15　设置断点

(2)调试。

选择“组建”菜单→“开始调试”→执行命令(GO，快捷键 F5)，如图 1-16 所示。VC 编译环境会进入调试模式，程序运行至断点处时暂停，如图 1-17 所示。

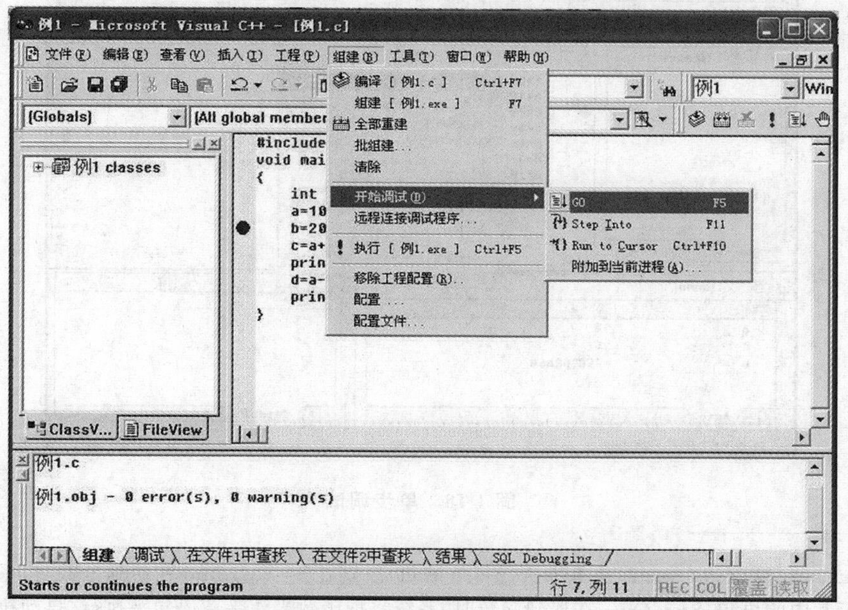

图 1-16　开始调试

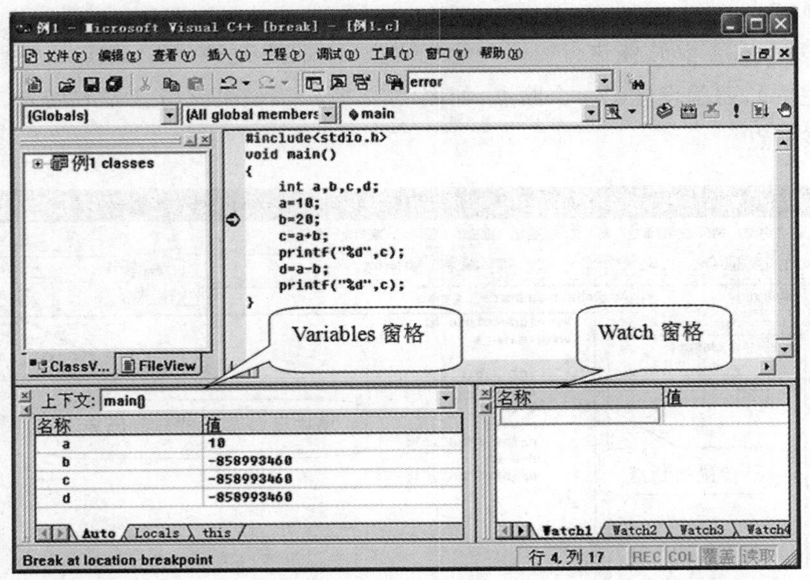

图 1-17 运行至断点处

(3)单步运行。

选择“组建”菜单→“开始调试”→单步执行命令(Step Into,快捷键 F11),可以进行单步调试。或者,进入调试状态后,选择“调试”→ 单步执行命令(Step Over 或 Step Into,区别见注①),可进行单步调试,程序会逐步地被执行,如图 1-18 所示。单步运行结果如图 1-19 所示。在单步调试中注意 Variables 窗格内的变化。

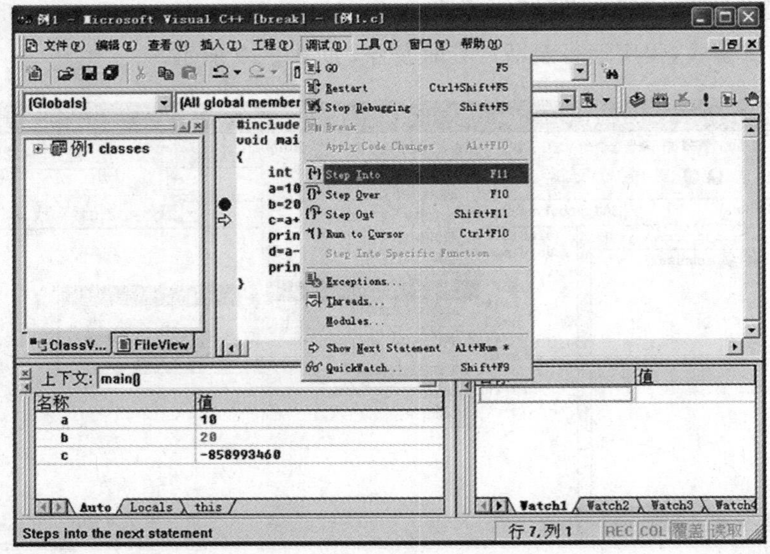

图 1-18 单步调试

① Step Into 和 Step Over 都是单步执行每条语句,区别在于:Step Into 在遇到函数时,系统将进入函数,单步执行其中的语句;Step Over 在遇到函数时,系统将把函数当作一条语句来执行,自动执行其中的内容,而不进入函数内部单步执行。Step Out 是退出调试。

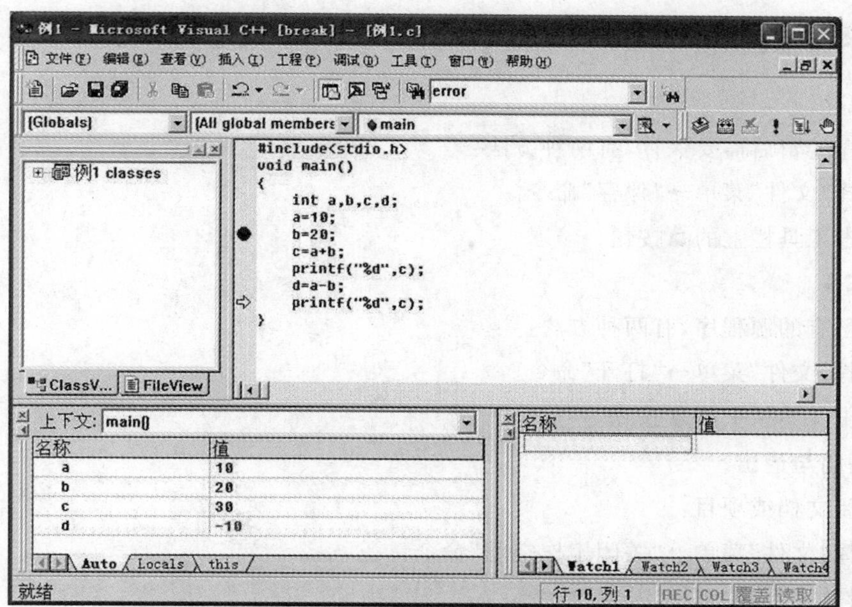

图 1-19　单步运行结果

(4)查看变量。

在 Variables 窗格内会自动显示当前运行上下文中变量的值,除此之外,如果局部变量较多,还可以在 Watch 窗格添加想要监控的变量,以此监控这些变量,如图 1-20 所示。Variables 窗格及 Watch 窗格都可以从"查看"菜单→"调试窗口"级联菜单下打开。

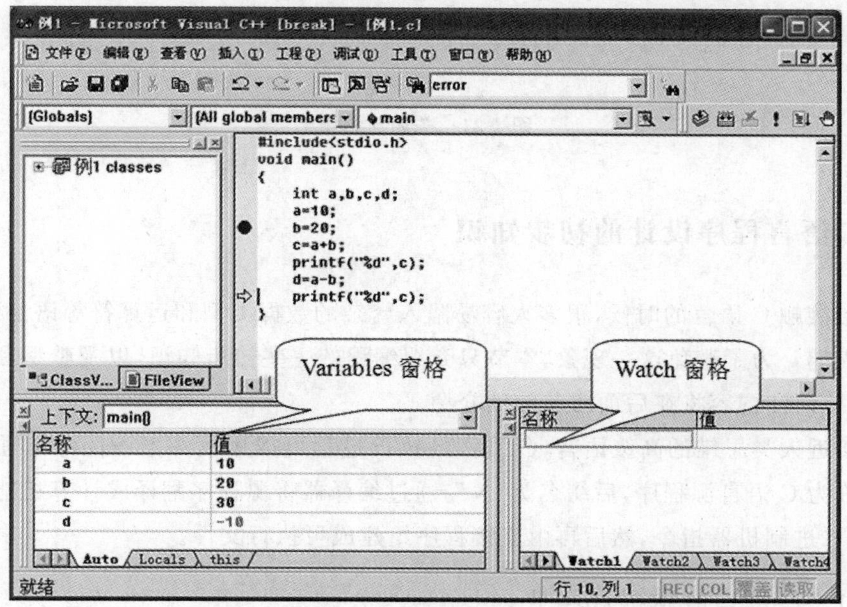

图 1-20　查看变量

1.4.5 程序的保存、打开、关闭和退出

(1)保存。

源程序编辑后需要保存,有两种方法:

①选择“文件”菜单→“保存”命令。

②单击工具栏上的 按钮。

(2)打开。

打开已有的源程序,有两种方法:

①选择“文件”菜单→“打开”命令。

②单击工具栏上的 按钮。

(3)关闭与退出。

①关闭文档或项目:

• 选择“文件”菜单→“关闭工作空间”命令。

• 选择“文件”菜单→“关闭”命令。

• 单击菜单栏右边“关闭”按钮,如图 1-21 所示。

②退出编译环境:

• 选择“文件”菜单→“退出”命令。

• 单击菜单栏右边“退出”按钮,如图 1-21 所示。

图 1-21 关闭与退出

1.5 C 语言程序设计的初步知识

一开始接触 C 语言的时候,很多人容易陷入繁杂的数据类型和运算符等语法细节,从而失去学习兴趣。为了避免这一现象,本节只介绍编程的一些初步知识,以及整型和实型的基本概念,其他语法内容将在后面章节陆续介绍。

作为接近人类思维的高级语言,C 语言的执行过程可以用图 1-22 表示:编写 C 语言代码的程序称为 C 语言源程序,后缀名为“.c”,通过编译器将源程序翻译成计算机能读懂的目标程序,即二进制机器指令,然后再由连接程序组建成可执行文件。

1.5.1 C 语言的构成和格式

实现 C 程序的方法步骤称为算法。算法的基本特征:有穷性、确定性、可行性、零个或多个输入、一个或多个输出。总体来说,以下几点需要大家注意:

(1)C 程序由函数组成,一个程序必须有且仅有一个主函数(main),C 程序总是从主函

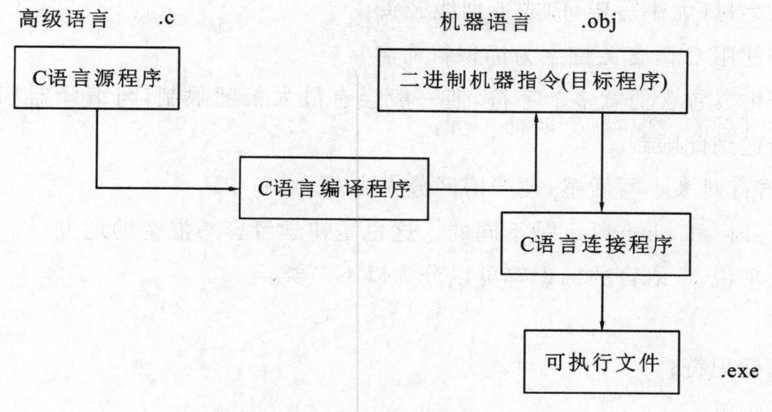

图 1-22 C 语言执行过程

数开始执行，并且也是从它结束的。

(2)函数体必须放在一对花括号“{ }”内，在函数体中，通常有说明语句和执行语句，定义语句应出现在执行语句之前，每条语句后面的分号不可少。多条语句可以写在同一行上，并且一条语句也可以写在多行上。

(3)C 程序中的注释必须放在“/＊”和“＊/”之间，“/”和“＊”之间不允许有空格。“/＊”和“＊/”之间不允许再插入“/＊”或“＊/”。注释可以出现在程序中任意位置。

下面通过一个简单的程序示例，来介绍 C 程序的一些基本构成和格式，让大家对 C 语言程序有一个初步的了解。

【例 1.1】 已知矩形的两条边长(用 a 表示宽，b 表示长)，求矩形的面积(area)。

```
# include < stdio.h>              /* 包含头文件*/
void main()                      /* 主函数,程序的入口*/
{
    double a,b,area;             /* 声明部分,定义了 3 个实型变量*/
    a= 1.2;                      /* 给变量 a 赋值*/
    b= 3.6;                      /* 给变量 b 赋值*/
    area= a* b;                  /* 将 a* b 的结果赋值给变量 area*/
    printf("a= % f,b= % f,area= % f\n",a,b,area); /* 输出矩形的两条边长和面积*/
}
```

运行结果如下：

```
a=1.200000,b=3.600000,area=4.320000
Press any key to continue
```

1.5.2 标识符

在 C 语言中，变量、函数、数组等都需要命名，在命名的时候都必须遵守一定的规则，按此规则命名的符号称为标识符。在 C 语言中，合法的标识符由字母、数字和下划线组成。必须遵守以下规则：

①必须以字母(大小写皆可)或下划线开头。

②不允许使用C语言关键字为标识符命名。

③标识符可以包含任意多个字符,但一般会有最大长度限制,与编译器相关,不过大多数情况下不会达到此限制。

注意:C语言对大小写敏感,须严格区分大小写。

如:newValue和newvalue是不同的。这也是初学者容易混淆的地方。

从用途上来说,C语言的标识符可以分为以下三类:

①关键字;

②预定义标识符;

③用户标识符。

关键字:C语言预先定义的、具有特殊意义的单词,它们在程序中都代表着固定的含义,不能另作他用。例如,用来说明变量类型的标识符int、float、double以及if语句中的if、else等都已有专门的用途,它们不能再用作变量名或函数名。注意,所有的关键字都必须小写。C语言中的32个关键字如表1-2所示(仅作了解,后面的章节中会逐步介绍)。

表1-2 C语言中的32个关键字

auto	union	static	do
short	enum	volatile	while
int	typedef	void	goto
long	const	if	continue
float	unsigned	else	break
double	signed	switch	default
char	extern	case	sizeof
struct	register	for	return

预定义标识符:这些标识符在C语言中也都有特定的含义,如C语言提供的库函数的名字(如include)和预编译处理命令(如define)等。

用户标识符:由用户根据需要定义的标识符,一般用来给变量、函数、数组或文件等命名。如例1.1中的a、b、area三个变量。

1.5.3 常量

C语言程序处理的数据有常量和变量两种形式。

在程序运行过程中,其值不能被改变的量,称为常量。而所谓变量是指在程序运行过程中可以改变的量。C语言规定,程序中所有变量都必须先定义后使用。

在C语言中,按类型可以将常量分为以下几种:整型常量、实型常量、字符型常量、字符串常量等。常见常量的示例如表1-3所示。

表 1-3 常量示例

常量的类型	示例	说明
整型常量	10,－20,0	包括零、正整数、负整数
实型常量	3.14,－0.12,98.0	可称为浮点数或实数
字符型常量	'a','A','0','9'	用一对单引号括起来
字符串常量	"hello","a123","9"	用一对双引号括起来

1. 整型常量

通常,我们使用生活中熟悉的十进制来表示C语言整型常量。除此之外,还有二进制、八进制和十六进制形式。十进制常量由0～9组成,没有特别指明时,一般默认是十进制常量;二进制常量由0和1组成;八进制常量由0～7组成,最高位用0作为引导符,后跟0～7,可用3位二进制位表示;十六进制常量,由0～9十个数字和a～f(A～F)六个字母组成,最高位用0x(0X)作为引导符,可用4位二进制位表示。需要留意的是,在计算机内存中常量实际都是以二进制形式存储的。不同进制的整型常量的表示形式如表1-4所示。

表 1-4 不同进制的整型常量的表示形式

进制	整数17的不同进制表示	整数－31的不同进制表示	说明
十进制	17	－31	
二进制	00010001	－0001 1111	以8位为例
八进制	021	－037	从低位开始,3位一组进行压缩
十六进制	0x11	－0x1F	从低位开始,4位一组进行压缩

整型有长整型、短整型、有符号和无符号之分。不同的计算机系统对整型常量所占用的字节数和数值范围有不同规定,如表1-5所示。

表 1-5 不同类型的整型常量的表示形式

不同类型的整型常量	示例	说明
有符号短整型(short)常量	10,－2	同int类似,较少使用
无符号短整型(unsigned short)常量	20	
有符号整型(int)常量	10,－30,0	默认的int类型定义为有符号整数
无符号整型(unsigned int)常量	30u,15U	无符号整型常量值后通常跟u或U来表示,只能表示大于0的数
有符号长整型(long)常量	－256L,1024l	长整型常量值后通常跟l或L来表示
无符号长整型(unsigned long)常量	30LU	无符号长整型常量值后通常跟LU,lu,Lu,lU来表示

说明：只要不指定为无符号型(unsigned)，默认的类型就是有符号型(signed)，而 signed 通常是省略不写的。

2. 实型常量

C 语言中的实型常量有十进制小数和指数两种表示形式，如表 1-6 所示。

表 1-6　实型常量的表示形式

不同形式的实型常量	示　例	说　明
十进制小数形式	0.124，－12.3，0.125	十进制小数形式由整数和小数组成，若整数是 0 可以省略不写，但是小数点不能省略
指数形式	12.3e－4，3.5E12	指数形式用于表示绝对值很大或很小的数。字母 e 或 E 代表以 10 为底的指数。其中 e 的左边部分不能省略，e 的右边部分必须是整数形式

实型常量有单精度、双精度和长双精度之分，但无有符号和无符号之分。不同类型的实型常量的表示形式如表 1-7 所示。

表 1-7　不同类型的实型常量的表示形式

不同类型的实型常量	示　例	说　明
单精度(float)实型常量	1.25F，1.25e－3f	单精度实型常量后跟 f 或 F 表示
双精度(double)实型常量	0.123，－12.35，.98	实型常量隐含按双精度型处理
长双精度(long double)实型常量	1.25L	长双精度实型常量后跟 l 或 L 表示

说明：由于计算机的存储空间有限，对于实型数据的存储做不到百分之百精确存储，所以单精度(float)实型常量数据的有效位是 7 位，双精度(double)实型常量的有效位是 15 位。数的有效数字越多，精度越高。下面以同为 32 位的整型常量 5 和单精度实型常量 5.0F 在内存中的存储形式为例进行简单介绍。此部分可仅做了解。

整型常量 5 是正数，所以原码、反码和补码相同，以补码形式存储为：

原码(32 位)
0000000000000000 0000000000000101

单精度实型常量 5.0F 首先转换为二进制 101.0，进行规格化 1.010×2^{2}，其中 010 称为尾数，指数 2＋127 转二进制称为阶码。单精度实型数据共有 32 位二进制位，存储形式为：

符号位(1 位)	阶码(8 位)	尾数(23 位)
0	10000001	010 00000000000000000000

由此可见，整型数据和实型数据在内存中的存储形式和结果是不同的，在后面的学习中，大家尤其要注意这一点。

【**例 1.2**】　一个较大实数加一个较小实数。

```
# include< stdio.h>
int main()
{
    float x= 7.24356E10, y;
    y= x+ 37;
    printf("x= % e\n",x);
    printf("y= % e\n",y);
    return 0;
}
```

程序执行的结果为：

```
x=7.243560e+010
y=7.243560e+010
Press any key to continue
```

这里 x 和 y 的值都是 7.24356E10，显然是有问题的，原因是 float 只能保留 7 位有效数字，变量 y 所加的 37 被舍弃。因此由于舍入误差的存在，进行计算时，要避免一个较大实数和一个较小实数相加减。

1.5.4 变量

变量可用于接收常量值。在 C 语言中通常以用户定义标识符作为变量名，用关键字来说明变量的类型。变量名用于标识内存中一个具体的存储单元，这个存储单元中存放的数据称为变量的值。在计算机内存中，变量好比一个盒子，程序员负责为盒子命名。盒子中可以放入你想放进去的数据。当新的数据被放入盒子时，盒子原有的数据即变量原有的值就会被修改，否则，变量的值将保持不变。当然，只定义了变量而没有赋值，则系统会自动分配一个随机值给变量，通常称之为垃圾值(读者可编程验证)。

变量的类型决定了编译器为其分配内存单元的字节数、数据在内存单元中的存放形式、该类型变量合法的取值范围以及该类型变量可以参与的运算种类(以 Visual C＋＋ 6.0 为例进行说明)。

与常量对应，下面列出一些常见变量的数据类型说明，如表 1-8 所示。注意 C 语言中并没有字符串型变量的类型说明符。

表 1-8 常见变量的类型说明符

类 型 说 明	类型说明符	所 占 字 节	实 例	数 值 范 围
短整型	short	2 字节	short s	－32768～32767
整型	int	4 字节	int a	$-2^{31}\sim2^{31}-1$
长整型	long	4 字节	long d	$-2^{31}\sim2^{31}-1$
单精度实型	float	4 字节	float b	$-10^{38}\sim10^{38}$
双精度实型	double	8 字节	double c	$-10^{308}\sim10^{308}$
字符型	char	1 字节	char ch	－128～127

说明:C语言提供了一个专门用于计算数据类型字节数的运算符 sizeof(),例如 sizeof(int)可以计算 int 类型数据所占内存的字节数,sizeof(变量名)也可以计算变量所占内存的字节数。

在C语言中,对于整型变量,我们需要用一个符号来表示它,即整型变量名。

例如:int k;　　　　　　　　/*定义k为整型变量,k为变量名*/

关键字 int 用来说明变量k的类型为整型。

又如:int i,j,k;　　　　　　　　/*定义i、j、k为整型变量*/

常见的数据类型有整型 int、单精度实型 float、双精度实型 double 以及字符型 char。注意:在同一行上使用关键字定义多个变量时,变量之间用逗号隔开。所有定义语句后必须以一个";"号结束,表示它是一条语句。

C语言规定,可以在定义变量的同时给变量赋初值,该过程称为变量初始化。例如:

```
# include < stdio.h>
void main( )
{
  int i= 1,j= 0,k= 2;
  ……
}
```

【例 1.3】 分别定义整型、实型和字符型三个变量,然后将其输出在屏幕上。

```
# include< stdio.h>
int main()
{
  int a= 1;
  float b= 2.5;
  char c= 'A';
  printf("a= % d\n",a);/* 按整型格式输出变量 a 的值*/
  printf("b= % f\n",b);/* 按实型格式输出变量 b 的值*/
  printf("c= % c\n",c);/* 按字符型格式输出变量 c 的值*/
  printf("End of program\n")/* 输出一个字符串 */
  return 0;
}
```

程序运行结果为:

```
a = 1
b = 2.500000
c = A
End of program
Press any key to continue
```

分析:

程序的第一行是一条"编译预处理命令",只要程序需要向屏幕输出数据或从键盘输入数据，都需要添加这一条代码。

#表示预处理命令符，include 对应安装路径下的 include 文件夹，该文件夹里有 C 全部的头文件。< >里面的文件称为头文件，h 为 head 的意思，std 是 standard 的意思，i 是 input 的意思，o 是 output 的意思。它的作用是将尖括号里的标准输入输出头文件包含到用户源文件中。头文件 stdio.h 中包含了一些 C 语句，使得 C 程序轻松实现数据的输入和输出。

例 1.3 中程序的第 7 至 9 行分别向屏幕输出 a、b、c 三个变量的值。%d、%f、%c 都是格式控制符，%d 表示按十进制整型格式输出变量的值，%f 表示按十进制小数格式输出变量的值，默认输出 6 位小数，%c 表示输出字符型变量值在 ASCII 码中对应的一个字符。\n 表示输出一个换行。“”括起来的为字符串。

1.5.5 数据类型

C 语言中引入数据类型的主要目的是便于在程序中对它们按不同方式和要求进行处理。由于不同类型的数据在内存中占用不同大小的存储单元，因此，它们所能表示的数据的取值范围各不相同。除了前面介绍的整型、实型、字符型三种基本数据类型以外，C 语言还提供了很多其他数据类型，分类如表 1-9 所示。

表 1-9　C 语言中的数据类型分类

<table>
<tr><th colspan="3">数据类型分类</th><th>关　键　字</th></tr>
<tr><td rowspan="8">基本类型</td><td rowspan="3">整型</td><td>基本整型</td><td>int</td></tr>
<tr><td>长整型</td><td>long</td></tr>
<tr><td>短整型</td><td>short</td></tr>
<tr><td rowspan="3">实型(浮点型)</td><td>单精度实型</td><td>float</td></tr>
<tr><td>双精度实型</td><td>double</td></tr>
<tr><td>长双精度实型</td><td>long double</td></tr>
<tr><td colspan="2">字符型</td><td>char</td></tr>
<tr><td colspan="2">枚举类型</td><td>enum</td></tr>
<tr><td rowspan="3">构造类型</td><td colspan="2">数组(没有特别的说明符，用[　]表示)</td><td></td></tr>
<tr><td colspan="2">结构体</td><td>struct</td></tr>
<tr><td colspan="2">共用体</td><td>union</td></tr>
<tr><td colspan="3">指针类型(没有特别的说明符，用 * 表示)</td><td></td></tr>
<tr><td colspan="3">无类型</td><td>void</td></tr>
</table>

本章作业

一、选择题

(1)以下选项中用 C 语言正确表达出整型常量的是(　　)。

A. 12.　　B. −20　　C. 1,000　　D. 4 5 6

(2)以下选项中用C语言正确表达出实型常量的是(　　)。

A. 0　　B. 3.　1415　　C. 0.329×102　　D. .871

(3)以下选项中不合法的用户标识符是(　　)。

A. abc.c　　B. file　　C. Main　　D. PRINTF

(4)以下选项中不合法的用户标识符是(　　)。

A. _123　　B. a123_　　C. A　$　　D. Dim

(5)以下叙述中正确的是(　　)。

A. 在C程序中无论整数还是实数,只要在允许范围内都能准确无误地表示

B. C程序由主函数组成

C. C程序由若干个函数组成

D. C程序中只允许包含一个函数

(6)VC6.0中int类型变量所占字节数是(　　)。

A. 1　　B. 2　　C. 3　　D. 4

(7)合法的八进制数是(　　)。

A. 0.0　　B. 028　　C. 077　　D. 01.0

(8)不合法的十六进制数是(　　)。

A. oxff　　B. 0Xabc　　C. 0x11　　D. 0x19

二、填空题

(1)在VC6.0环境中用RUN命令运行一个C程序时,所运行的程序的后缀是__________。

(2)C语言源程序文件名的后缀是__________;经过编译后,生成文件的后缀是__________;经过连接后,生成文件的后缀是__________。

(3)结构化程序由__________、__________、__________三种基本结构组成。

(4)函数体由符号__________开始,到符号__________结束。函数体内的前面是__________部分,后面是__________部分。

(5)C语言中的标识符可分为__________、__________和预定义标识符三类。

(6)在C语言程序中,用关键字__________定义基本整型变量,用关键字__________定义单精度实型变量,用关键字__________定义双精度实型变量。

(7)C程序中定义的变量,代表内存中的一个__________。

(8)表达式3.5+1/2的计算结果是__________。

三、改错题

(1)

```
# include  stdio.h;
main( );            /  * main function *   /
  float r,s;        /* /* r is radius*/,/* s is area of circular*/* /
  r= 5.0;
```

```
s= 3.14159* r* r;
    printf("% f\n",s)
```

(2)

```
main                /* main function * /
{
  float a,b,c,v;  /* a,b,c are sides,v is volume of cube* /
  a= 2.0;b= 3.0;c= 4.0
  v= a* b* c;
  printf("% f\n",v)
}
```

四、简答题

(1)查找资料,列出目前市面上5种主流编程语言各自的特点和主要应用领域。

(2)二次开发的意思是可以为该软件编写插件程序,扩充其功能。你所在专业最常见的支持二次开发的软件是什么?它的开发接口都支持什么编程语言?可通过网络查找答案。

(3)程序和软件有何不同?

(4)人与计算机之间用什么语言交流?如何实现更有效的人机交流?

(5)程序开发的基本步骤是什么?

(6)程序在计算机内部是如何运行的?

第2章

顺序结构程序设计

C 语言在结构上大致分为三种类型:顺序、分支和循环。这三种基本结构可以组成所有的复杂程序,C 语言提供了多种语句予以实现。本章主要介绍这些基本语句及其在顺序结构中的应用,使读者对 C 程序有一个初步的认识,为后面各章的学习打下基础。

顺序结构是大家最初接触 C 语言时最容易掌握的一种结构,它在程序中按语句出现的顺序逐条执行。但多种语法和函数往往成为大家学习的拦路虎,学习任何一门课程都需要付出努力,C 语言也不例外,所以希望读者在学习本章时能除去浮躁,认真理解并掌握基础语法知识,以免在后期编程中不断出现各种语法错误而丧失学习的兴趣。

初学 C 语言的读者,在学习过程中不需要把精力放在记忆各种语法上,而应该把思维重点放在如何构造好的算法上。算法是解决问题的思路和步骤,它才是 C 语言程序设计的灵魂,而语法知识可以在以后的编程实践中不断强化和巩固。读者在学习的过程中,务必按三个步骤——模仿、改写、编写进行。多敲代码,多上机实践,这样才能快速入门。

2.1 基本运算符介绍

2.1.1 算术运算符

算术运算符如表 2-1 所示。

表 2-1 算术运算符

符 号	说 明	示 例
+	加法运算符,或正值运算符	1+2、+3.9
-	减法运算符,或负值运算符	3-4、-54
*	乘法运算符	1.2 * 3.2、3 * 4、2 * x
/	除法运算符	5/3、(a+b)/(x+y)
%	求余运算符(两侧必须为整型数据)	7%4 的结果为 3

(1)两个整数相除,其值仍然为整数,如 5/3 值为 1,1/2 值为 0。

(2)两个实数相除,其值仍然为实数,如 1.0/2.0 值为 0.5。

(3)除数、被除数只要有一个为实数,系统将自动进行类型转换,转换的原则为“向精度高、范围大的数据类型进行转换”。如 1/2.0=0.5,1.0/2.0=0.5,最后结果的类型为 double 型。

用算术运算符和一对圆括号将操作数连接起来的,符合 C 语言语法的表达式称为算术表达式。算术表达式中,运算对象可以是常量、变量和函数等。

2.1.2 强制类型转换表达式

在 C 语言中可以利用强制类型转换运算符将一个表达式转换成想要的类型。形式如下:

(强制类型转换运算符)(表达式)

如(int)3.234,(double)(10%3)。

2.1.3 赋值运算符和赋值表达式

赋值运算符:=。

由赋值运算符组成的表达式称为赋值表达式,它的形式为:

变量名=表达式

赋值号的左边必须是一个代表某一存储单元的变量名。

赋值运算的功能是先求出右边表达式的值,然后把此值赋给左边的变量。

例如,若a和b都被定义成int类型变量,则

```
a= 10;   /* 把常量 10 赋给变量 a* /
b= a;    /* 把 a 中的值赋给变量 b,a 中的值不变* /
```

注意:

(1)赋值运算符的优先级别只高于逗号运算符,比其他任何运算符的优先级都低,且具有自右向左的结合性。例如:a=2+7/3。

(2)赋值运算符的左侧只能是变量,不能是常量或表达式。如a+b=c是不合法的赋值表达式。

(3)赋值号右边的表达式也可以是一个赋值表达式,如a=b=7+1。

(4)作为一个表达式,它自己也应该有一个值,C语言规定最左边变量中所得到的新值就是赋值表达式的值。

2.1.4 复合赋值运算符

在赋值运算符"="之前加上其他运算符可以构成复合赋值运算符,如+=、-=、*=、/=、%=。具体示例见表2-2。

表2-2 复合赋值运算符示例

示 例	结 果	说 明
n+=1	n=n+1	
a+=3	a=a+3	
n*=m+3	n=n*(m+3)	注意括号

请读者思考:若已有变量a,初始值为9,计算表达式a+=a-=a+a的值。

2.1.5 自加运算符"++"和自减运算符"--"

"++""--"运算符是单目运算符,运算对象只能是变量,不能是常量和表达式。运算规则是:运算符在前,先计算,后赋值;运算符在后,先赋值,后计算。结合方向是自右至左。具体示例见表2-3。

表 2-3 自加自减运算符

运 算 符	说 明	示 例
++	自加运算符	i++、++i
--	自减运算符	i--、--i

2.1.6 逗号运算符和逗号表达式

用逗号将表达式连接起来的式子称为逗号表达式。逗号表达式的一般形式为:表达式1,表达式2,…,表达式n。表达式之间用逗号进行连接。在所有运算符中,逗号运算符的优先级别最低。

如j=(i=3,i++,++i,i+5)运行后结果为i=5,j=10。

2.2 C语句概述

C程序的执行部分是由语句组成的。程序的功能也是由执行语句实现的。

C语句可分为以下五类:

2.2.1 表达式语句

表达式语句由表达式加上分号";"组成。其一般形式为:

表达式;

执行表达式语句就是计算表达式的值。

例如:

x=y+z;赋值语句;

y+z;加法运算语句,但计算结果不能保留,无实际意义;

i++;自增1语句,i值增1。

2.2.2 函数调用语句

函数调用语句由函数名、实际参数加上分号";"组成。其一般形式为:

函数名(实际参数表);

执行函数语句就是调用函数体并把实际参数赋予函数定义中的形式参数,然后执行被调函数体中的语句,求取函数值(在后面函数中再详细介绍)。

例如:

```
printf("This is a C Program");/* 调用库函数,输出字符串* /
```

运行结果如下:

```
This is a C ProgramPress any key to continue
```

2.2.3 控制语句

控制语句用于控制程序的流程，以实现程序的各种结构方式。它们由特定的语句定义符组成。C语言有九种控制语句，可分成以下三类：

(1)条件判断语句：if语句、switch语句。

(2)循环执行语句：do while语句、while语句、for语句。

(3)转向语句：break语句、goto语句、continue语句、return语句。

2.2.4 复合语句

把多个语句用括号{}括起来组成的一个语句称为复合语句。在程序中应把复合语句看成单条语句，而不是多条语句。

例如：

```
{ x= y+ z;
    a= b+ c;
    printf("% d% d",x,a);
}
```

是一条复合语句。复合语句内的各条语句都必须以分号“;”结尾，在括号“}”外不能加分号。

2.2.5 空语句

只有分号“;”组成的语句称为空语句。空语句是什么也不执行的语句。在程序中空语句可用来做空循环体。

例如：

```
while(getchar()! = '\n')
;
```

本语句的功能是，只要从键盘输入的字符不是回车则重新输入。这里的循环体为空语句。

2.3 赋值语句

语句和表达式的区别在于末尾的分号，程序中的表达式末尾加上分号“;”，就构成了语句，也称为表达式语句。其一般形式为：

变量＝表达式;

赋值语句的功能和特点都与赋值表达式相同。它是程序中使用最多的语句之一。

2.3.1 嵌套的赋值语句

由于在赋值符“＝”右边的表达式也可以是一个赋值表达式，因此形式“变量＝(变量＝表达式);”是成立的，从而形成嵌套的情形。其展开之后的一般形式为“变量＝变量＝…＝表达式;”。

例如：

```
    a= b= c= d= e= 5;
```

按照赋值运算符的右接合性，实际上等效于：

```
    e= 5;
    d= e;
    c= d;
    b= c;
    a= b;
```

2.3.2 变量赋初值和赋值语句的区别

给变量赋初值是变量说明的一部分，赋初值后的变量与其后的其他同类变量之间仍必须用逗号间隔，而赋值语句则必须用分号结尾。

例如：

```
int a= 5,b,c;
```

2.3.3 变量赋初值的常见错误

如下述说明是错误的：

```
int a= b= c= 5
```

必须写为

```
int a= 5,b= 5,c= 5;
```

而赋值语句允许连续赋值。

2.3.4 赋值表达式和赋值语句的区别

赋值表达式是一种表达式，它可以出现在任何允许表达式出现的地方，而赋值语句则不能。

下述语句是合法的：

```
    if((x= y+ 5)> 0) z= x;
```

该语句的功能是，若表达式 x＝y＋5 大于 0，则 z＝x。

下述语句是非法的：

```
    if((x= y+ 5;)> 0) z= x;
```

因为“x＝y＋5;”是语句，不能出现在表达式中。

2.4 数据的输出与输入

一般情况下一个程序都包含数据输入、数据处理、数据输出三个部分。

把数据从计算机内部送到计算机的外部设备上的操作称为“输出”。从计算机外部设备将数据送入计算机内部的操作称为“输入”。

在 C 语言中，数据的输入和输出是通过调用输入函数 scanf 和输出函数 printf 来实现的。在 VC6.0 环境下，在调用输入和输出的库函数之前要求在源程序中出现包含头文件的命令行：#include <stdio.h>。stdio 是 standard input and output 的意思。考虑到 printf 和 scanf 函数使用频繁，系统允许在使用这两个函数时不加 #include<stdio.h>。但是它们之间的关系大家应该清楚。

2.4.1 putchar 函数

putchar 函数是字符输出函数，其功能是在显示器上输出单个字符。其一般形式为：

putchar(字符变量)；

例如：

```
putchar('A');      //输出大写字母 A
putchar(x);        //输出字符变量 x 的值
putchar('\101');   //也是输出字符 A
putchar('\n');     //换行
```

运行结果如下：

```
ABA
Press any key to continue
```

对控制字符则执行控制功能，不在屏幕上显示。

使用 putchar 函数前必须要用文件包含命令：

#include<stdio.h>

或

#include "stdio.h"

【例 2.1】 输出单个字符。

```
# include< stdio.h>
int main( )
{
    char a= 'B',b= 'o',c= 'k';
    putchar(a);putchar(b);putchar(b);putchar(c);putchar('\t');
    putchar(a);putchar(b);
    putchar('\n');
    putchar(b);putchar(c);
    return 0;
}
```

运行结果如下：

```
Book    Bo
okPress any key to continue
```

2.4.2 getchar 函数

getchar 函数是键盘输入函数，其功能是从键盘上输入一个字符。其一般形式为：

getchar()；

通常把输入的字符赋予一个字符变量，构成赋值语句，如：

```
char c;
c= getchar();
```

【例 2.2】 输入单个字符。

```
# include< stdio.h>
int main()
{
    char c;
    printf("input a character\n");
    c= getchar();
    putchar(c);
    return 0;
}
```

运行结果如下：

```
input a character
AA
```

输入大写字母 A，getchar()函数把刚从键盘上输入的字母 A 赋值给 c 变量，putchar(c)函数将 c 变量输出。

使用 getchar 函数还应注意几个问题：

(1)getchar 函数只能接收单个字符，输入数字也按字符处理。输入多于一个字符时，只接收第一个字符。

(2)使用 getchar 函数前必须包含文件“stdio. h”。

(3)程序最后两行可用下面两行的任意一行代替：

```
putchar(getchar());
printf("% c",getchar());
```

请读者自行思考其中的含义。

2.5 格式的输出与输入

2.5.1 printf 函数

printf 函数称为格式输出函数，其关键字的最末一个字母 f 即为“格式”(format)之意。其功能是按用户指定的格式，把指定的数据显示到显示器屏幕上。在前面的例题中我们已多次使用过这个函数。作为一个特例，不要求在使用 printf 函数之前必须包含 stdio. h

文件。

1. printf 函数调用的一般形式

printf 函数是一个标准库函数，它的函数原型在头文件"stdio. h"中。printf 函数调用的一般形式为：

printf(格式控制，输出项 1，输出项 2，…)

作用：按照指定的格式将输出项中的值输出到终端。

格式控制：用双引号括起来的字符串，按照该指定的格式进行输出。

输出项表：要输出的内容(常量、变量、表达式等)，如有多个用逗号隔开。在 printf 函数调用的后面加一个分号就构成输出语句。例如：

```
printf("a= %d, b= %d", a, b);
```

以上 printf 是函数名，双引号括起来的字符串部分"a=%d, b=%d "是输出格式控制，决定了输出数据的内容和格式。最后部分 a, b 为输出项。

下面详细说明 printf 函数中格式控制的作用。

其中格式控制字符串用于指定输出格式。格式控制字符串可由格式字符串和非格式字符串两种组成。格式字符串是以%开头的字符串，在%后面跟有各种格式字符，以说明输出数据的类型、形式、长度、小数位数等。如：

"%d"表示按十进制整型输出；

"%ld"表示按十进制长整型输出；

"%c"表示按字符型输出。

非格式字符串在输出时会原样照印，在显示中起提示作用。

输出项表给出了各个输出项，要求格式字符串和各输出项在数量和类型上一一对应。

【例 2. 3】 输出示例。

```
# include< stdio.h>
int main( )
{
    int a= 88,b= 89;
    printf("% d % d\n",a,b);
    printf("% d,% d\n",a,b);
    printf("% c,% c\n",a,b);
    printf("a= % d,b= % d",a,b);
    return 0;
}
```

运行结果如下：

```
88 89
88,89
X,Y
a=88,b=89Press any key to continue
```

例 2.3 四次输出了 a,b 的值,但由于格式控制字符串不同,输出的结果也不相同。第四行的输出语句格式控制字符串中,两格式串%d 之间加了一个空格(非格式字符),所以输出的 a,b 值之间有一个空格。第五行的 printf 语句格式控制字符串中加入的是非格式字符逗号,因此输出的 a,b 值之间加了一个逗号。第六行的格式控制字符串要求按字符型输出 a,b 值。第七行中为了提示输出结果又增加了非格式字符串。

2. 格式字符串

在 VC6.0 中格式字符串的一般形式为:

[标志][输出最小宽度][.精度][长度]类型

其中方括号[]中的项为可选项。各项的意义介绍如下:

①类型:类型字符用以表示输出数据的类型。其格式控制符及其意义如表 2-4 所示。

表 2-4 输出格式控制符及其意义

格　式	字符意义
d	以十进制形式输出带符号整数(正数不输出符号)
o	以八进制形式输出无符号整数(不输出前缀 0)
x,X	以十六进制形式输出无符号整数(不输出前缀 Ox)
u	以十进制形式输出无符号整数
f	以小数形式输出单、双精度实数
e,E	以指数形式输出单、双精度实数
g,G	以%f 或%e 中较短的输出宽度输出单、双精度实数
c	输出单个字符
s	输出字符串

②标志:标志字符为一、+、空格、# 四种,其意义如表 2-5 所示。

表 2-5 标志字符的意义

标　志	意　义
—	结果左对齐,右边填空格
+	输出符号(正号或负号)
空格	输出值为正时冠以空格,为负时冠以负号
#	对 c,s,d,u 类无影响;对 o 类,在输出时加前缀 o;对 x 类,在输出时加前缀 0x;对 e,g,f 类,当结果有小数时才给出小数点

③输出最小宽度:用十进制整数来表示输出的最少位数。若实际位数多于定义的宽度,则按实际位数输出;若实际位数少于定义的宽度,则补以空格或 0。

④精度:精度格式符以“.”开头,后跟十进制整数。本项的意义是:如果输出数字,则表示小数的位数;如果输出的是字符,则表示输出字符的个数;若实际位数大于所定义的精度数,则截去超过的部分。

⑤长度:长度格式符为字母 h 和 l 两种,字母 h 表示按短整型量输出,字母 l 表示按长整

型量输出。

【例 2.4】

```
# include< stdio.h>
int main()
{
    int a= 15;
    float b= 123.1234567;
    double c= 12345678.1234567;
    char d= 'p';
    printf("a= % d,% 5d,% o,% x\n",a,a,a,a);
    printf("b= % f,% lf,% 5.4lf,% e\n",b,b,b,b);
    printf("c= % lf,% f,% 8.4lf\n",c,c,c);
    printf("d= % c,% 8c\n",d,d);
    return 0;
}
```

运行结果如下：

```
a=15,   15,17,f
b=123.123459,123.123459,123.1235,1.231235e+002
c=12345678.123457,12345678.123457,12345678.1235
d=p,       p
Press any key to continue
```

本例第八行中以四种格式输出整型变量 a 的值，其中“%5d ”要求输出宽度为 5，而 a 值为“15”，只有两位，故需要补 3 个空格。第九行中以四种格式输出实型量 b 的值。其中“%f”和“%lf ”格式的输出相同，说明字母“l”符对“f”类型无影响。“%5. 4lf”指定输出宽度为 5，精度为 4，由于实际长度超过 5，故应该按实际位数输出，小数位数超过 4 位部分被截去。第十行输出双精度实数，“%8. 4lf”由于指定精度为 4 位，故截去了超过 4 位的部分。第十一行输出字符量 d，其中“%8c ”指定输出宽度为 8，故在输出字符 p 之前补加 7 个空格。

使用 printf 函数时还要注意一个问题，那就是输出表列中的求值顺序。不同的编译系统不一定相同，可以从左到右，也可从右到左。VC 是按从右到左进行的，并且对于＋＋i，VC 编译器直接自增，而对于 i＋＋，VC 编译器会等待输出函数执行完后再自增。请看下面的例子：

【例 2.5】

```
# include< stdio.h>
void int main()
{
    int i= 8;
    printf("% d\n% d\n",i,i+ + );
    return 0;
}
```

运行结果如下：

```
8
8
Press any key to continue
```

【例 2.6】

```
# include< stdio.h>
void int main()
{
    int i= 8;
    printf("% d\n% d\n",i,+ + i);
    return 0;
}
```

运行结果如下：

```
9
9
Press any key to continue
```

【例 2.7】

```
# include< stdio.h>
void int main()
{
    int i= 8;
    printf("% d\n% d\n% d\n% d\n% d\n% d\n",+ + i,- - i,i+ + ,i- - ,- i+ + ,- i- - );
    return 0;
}
```

运行结果如下：

```
8
7
8
8
-8
-8
Press any key to continue
```

【例 2.8】

```
# include< stdio.h>
void int main()
{
    int i= 8;
    printf("% d\n",+ + i);
```

```
        printf("% d\n",- - i);
        printf("% d\n",i+ + );
        printf("% d\n",i- - );
        printf("% d\n",- i+ + );
        printf("% d\n",- i- - );
        return 0;
    }
```

运行结果如下：

```
9
8
8
9
-8
-9
Press any key to continue
```

例 2.7 和例 2.8 这两个程序的区别是用一个 printf 语句和多个 printf 语句输出。但从结果可以看出，两种结果是不同的。为什么结果会不同呢？就是因为 printf 函数对输出表中各量求值的顺序是自右至左进行的。在例 2.7 中，先对最后一项“－(i－－)”求值，结果为－8，然后 i 自减但此时编译器并不改变 i 的值，而是等到 printf 输出执行完后再改变 i 的值，所以此时 i 仍然等于原来的值 8。再对“－i＋＋”项求值得－8，然后 i 自增同样也不即时改变 i 值。再对“i－－”项求值得 8，然后 i 再自减但不即时改变值。再求“i＋＋”项得 8，然后 i 再自增但不即时改变值。再求“－－i”项，根据编译器的设计原理，此时 i 的值需即时改变，所以 i 先自减 1 其值等于 7 后输出。最后才求输出表列中的第一项“＋＋i”，同样此时需即时改变 i 的值，故而 i 自增 1 后输出 8。

必须注意，求值顺序虽是自右至左，但是输出顺序还是从左至右，因此得到的结果是上述输出结果。

对于自增自减运算符，只需要掌握基本的规律即可，不必深究，一般在循环结构时使用较多，若仅为计算，则在编程时应尽量避免使用自增自减运算符，以免引起不必要的混淆。

2.5.2 scanf 函数

scanf 函数称为格式输入函数，即按用户指定的格式从键盘上把数据输到指定的变量之中。

1. scanf 函数的一般形式

scanf 函数是一个标准库函数，它的函数原型在头文件“stdio. h”中，与 printf 函数相同，C 语言也允许在使用 scanf 函数之前不必包含 stdio. h 文件。

scanf 函数的一般形式为：

scanf(“格式控制字符串”，地址表列)；

其中，格式控制字符串的作用与 printf 函数的相同，但不能显示非格式字符串，也就是不能显示提示字符串。地址表列中给出各变量的地址。地址是由地址运算符"&"后跟变量名组成的。例如：&a，&b 分别表示变量 a 和变量 b 的地址。

这个地址就是编译系统在内存中给 a，b 变量分配的地址。C 语言使用了地址这个概念，这是它与其他语言不同的。应该把变量的值和变量的地址这两个不同的概念区别开来。变量的地址是 C 编译系统分配的，用户不必关心具体的地址是多少。

变量的地址和变量值的关系如下：

在赋值表达式中给变量赋值，如 a=567，则 a 为变量名，567 是变量的值，&a 是变量 a 的地址。

但在赋值号左边是变量名，不能写地址，而 scanf 函数在本质上也是给变量赋值，但要求写变量的地址，如 &a。这两者在形式上是不同的。&是一个取地址运算符，&a 是一个表达式，其功能是求变量的地址。

【例 2.9】

```
# include < stdio.h>
void int main()
{
    int a,b,c;
    printf("input a,b,c\n");
    scanf("% d% d% d",&a,&b,&c);
    printf("a= % d,b= % d,c= % d",a,b,c);
    return 0;
}
```

运行结果如下：

```
input a,b,c
1 2 3
a=1,b=2,c=3Press any key to continue_
```

在本例中，由于 scanf 函数本身不能显示提示串，故先用 printf 语句在屏幕上输出提示，请用户输入 a、b、c 的值。执行 scanf 语句，等待用户输入。用户输入 1　2　3 后按下回车键，在 scanf 语句的格式串中由于没有非格式字符在"%d%d%d"之间做输入时的间隔，因此在输入时要用一个以上的空格或回车键作为每两个输入数之间的间隔。如：

1　2　3

或

1

2

3

2. 格式字符串

格式字符串的一般形式为：

%[＊][输入数据宽度][长度]类型

其中方括号[]内的项为任选项。各项的意义如下：

①类型：表示输入数据的类型，其格式符和意义如表 2-6 所示。

表 2-6 输入格式符和意义

格式符	字符意义
d	输入十进制整数
o	输入八进制整数
x	输入十六进制整数
u	输入无符号十进制整数
f 或 e	输入实型数(用小数形式或指数形式)
c	输入单个字符
s	输入字符串

②"＊"符：用以表示该输入项，读入后不赋予相应的变量，即跳过该输入值。如：

```
scanf("% d % * d % d",&a,&b);
```

当输入为 1　2　3 时，把 1 赋予 a，2 被跳过，3 赋予 b。

③输入数据宽度：用十进制整数指定输入的宽度(即字符数)。例如：

```
scanf("% 5d",&a);
```

输入"12345678"时，只把 12345 赋予变量 a，其余部分被截去。

又如：

```
scanf("% 4d% 4d",&a,&b);
```

输入"12345678"时，将把 1234 赋予 a，而把 5678 赋予 b。

④长度：长度格式符为 l 和 h，l 表示输入长整型数据(如%ld) 和双精度浮点数(如%lf)。h 表示输入短整型数据。

3. scanf 函数注意事项

①scanf 函数中没有精度控制，如 scanf("%5.2f",&a)；是非法的，不能企图用此语句输入小数为 2 位的实数。

②scanf 中要求给出变量地址，如给出变量名则会出错。如 scanf("%d",a)；是非法的，应改为 scanf("%d",&a)；才是合法的。

③在输入多个数值数据时，若格式控制字符串中没有非格式字符做输入数据之间的间隔，则可用空格、Tab 或回车做间隔。C 编译在碰到空格、Tab、回车或非法数据(如对"%d"输入"12A"时，A 即为非法数据)时，即认为该数据结束。

④在输入字符数据时，若格式控制字符串中无非格式字符，则认为所有输入的字符均为有效字符。例如：

```
scanf("% c% c% c",&a,&b,&c);
```

输入为：

d　e　f

则把'd'赋予 a，' '赋予 b，'e'赋予 c。

只有当输入为：

def

时，才能把'd'赋予 a,'e'赋予 b,'f'赋予 c。

如果在格式控制中加入空格作为间隔，如：

```
scanf ("% c % c % c",&a,&b,&c);
```

则输入时各数据之间可加空格。

【例 2.10】

```
# include < stdio.h>
int main()
{
    char a,b;
    printf("input character a,b\n");
    scanf("% c% c",&a,&b);
    printf("% c% c\n",a,b);
    return 0;
}
```

运行结果如下：

```
input character a,b
M N
M
Press any key to continue
```

scanf 函数"%c%c"中没有空格，输入 M N，因为空格也算一个字符，所以结果输出只有 M。而输入改为 MN 时，则可输出 MN 两字符，结果如下：

```
input character a,b
MN
MN
Press any key to continue_
```

【例 2.11】

```
# include< stdio.h>
{
    char a,b;
    printf("input character a,b\n");
    scanf("% c % c",&a,&b);
    printf("\n% c% c\n",a,b);
    return 0;
}
```

运行结果如下：

```
input character a,b
M N

MN
Press any key to continue
```

本例表示 scanf 格式控制字符串"%c %c"之间有空格时，输入的数据之间可以有空格间隔。

⑤如果格式控制字符串中有非格式字符，则输入时也要输入该非格式字符。

例如：

```
scanf("% d,% d,% d",&a,&b,&c);
```

其中用非格式字符“，”做间隔符，故输入时应为：

5,6,7

又如：

```
scanf("a= % d,b= % d,c= % d",&a,&b,&c);
```

则输入应为：

a=5,b=6,c=7

【例 2.12】

```
# include < stdio.h>
void int main()
{
    char a,b,c;
    printf("input character a,b,c\n");
    scanf("% c % c % c",&a,&b,&c);
    printf("% d,% d,% d\n% c,% c,% c\n",a,b,c,a- 32,b- 32,c- 32);
    return 0;
}
```

请读者上机实践，正确输入三个小写字母，输出其 ASCII 码和对应的大写字母。

本章作业

一、选择题

(1)C 语言中运算对象必须是整型的运算符是(　　)。

A. %　　B. /　　C. !　　D. * *

(2)若变量已正确定义并赋值，符合 C 语言语法的表达式是(　　)。

A. a=a+7;　　B. a=7+b+c,a++

C. int(12.3%4)　　D. a=a+7=c+b

(3)以下叙述中正确的是(　　)。

A. a 是实型变量，C 允许进行赋值 a=10，但不可以这样说：实型变量中允许存放整型值

B. 在赋值表达式中，赋值号左边既可以是变量，也可以是任意表达式

C. 执行表达式 a=b 后，在内存中 a 和 b 存储单元中的原有值都将被改变，a 的值已由原值改变为 b 的值，b 的值由原值变为 0

D. 已有 a=3，b=5，当执行了表达式 a=b，b=a 之后，使 a 中的值为 5，b 中的值为 3

(4)若 a,b,c,d 都是 int 型变量且初值为 0,以下选项中不正确的赋值语句是(　　)。

A. a=b=c=100;　　B. d++;

C. c+b;　　D. d=(c=22)-(b++);

(5)下列选项中不是 C 语句的是(　　)。

A. {int i; i++; printf("%d\n"i);}　　B. ;

C. a=5,c=10　　D. { ; }

(6)合法的 C 语言赋值语句是(　　)。

A. a=b=58　　B. k=int(a+b);

C. a=58,b=58　　D. --i;

(7)有以下程序:

```
# include < stdio.h>
int main()
{
    int x= 10,y= 3;
    printf("% d\n",y= x/y);
     return 0;
}
```

执行后的输出结果是(　　)。

A. 0　　B. 1　　C. 3　　D. 不确定的值

(8)若变量已正确定义为 int 型,要给 a,b,c 输入数据,正确的输入语句是(　　)。

A. read(a,b,c);

B. scanf("%d%d%d",a,b,c);

C. scanf("%D%D%D",&a,%b,%c);

D. scanf("%d%d%d",&a,&b,&c);

(9)若变量 a,b,t 已正确定义,要将 a 和 b 中的数进行交换,以下选项中不正确的语句组是(　　)。

A. a=a+b,b=a-b,a=a-b;　　B. t=a,a=b,b=t;

C. a=t;t=b;b=a;　　D. t=b;b=a;a=t;

(10)若有正确定义语句:

```
double  x= 5.16894;
```

则语句 printf("%f\n",(int)(x * 1000+0.5)/(double)1000);的输出结果是(　　)。

A. 输出格式说明与输出项不匹配,输出无定值

B. 5.170000

C. 5.168000

D. 5.169000

(11)若有以下程序段：

```
int c1= 1,c2= 2,c3;
c3= c1/c2;
printf("% d\n",c3);
```

执行后的输出结果是(　　)。

A. 0　　B. 1/2　　C. 0.5　　D. 1

(12)若有以下程序段：

```
int  a= 0,b= 0,c= 0;
c= (a- = a- 5),(a= b,b+ 3);
printf("% d,% d,% d\n" ,a,b,c);
```

执行后的输出结果是(　　)。

A. 3,0,−10　　B. 0,0,5　　C. −10,3,−10　　D. 3,0,3

二、填空题

(1)若k为int型变量且赋值11。请写出运算k++后表达式的值__________和变量k的值__________。

(2)表达式s=10应当读作______________________________。

(3)把a1,a2定义成双精度实型变量,并赋初值1的定义语句是__________。

(4)若x为double型变量,请写出运算x=3.2,++x后表达式的值__________和变量x的值__________。

(5)若有以下定义,请写出以下程序段中输出语句执行后的输出结果__________。

```
int i= - 200,j= 2500;
printf("(1)% d,% d",i,j);
printf("(2)i= % d,j= % d\n",i,j);
printf("(3)i= % d\nj= % d\n",i,j);
```

(6)变量i,j,k已定义为int类型并均有初值0,用以下语句进行输入时：

```
scanf("% d",&i);scanf("% d",&j);scanf("% d",&k);
```

从键盘输入：

12.3<CR>

则变量i,j,k的值分别是__________,__________,__________。

(7)复合语句在语法上被认为是__________,空语句的形式是____________________。

(8)C语句的最后用__________结束。

三、编程题和改错题

(1)以下程序有多处错误。若必须按下面指定的形式输入数据,并且必须按下面指定的形式输出数据,请对该程序做相应的修改。

```
main
{
double a,b,c,s,v;
```

```
printf(input  a,b,c:\n);
scanf("% d% d% d",a,b,c);
s= a* b;
v= a* b* c;
printf("% d  % d  % d",a,b,c);
printf("s= % f\n",s,"v= % d\n",v);
}
```

当程序执行时，屏幕的显示和要求输入形式如下：

```
input a,b,c:2.0 2.0 3.0
a= 2.000000,b= 2.000000,c= 3.000000
s= 4.000000,v= 12.000000
```

(2)编写程序，把 560 分钟用小时和分钟表示，然后进行输出。

(3)编写程序，输入两个整数 1500 和 350，求出它们的商和余数并进行输出。

(4)编写程序，读入三个整数给 a,b,c，然后交换它们中的数，把 a 中原来的值给 b，把 b 中原来的值给 c，把 c 中原来的值给 a，然后输出 a,b,c。

第3章

选择结构程序设计

3.1 概述

初期编程是要解决数学问题,例如求解一元一次方程,见例 3.1 所示。随着计算机技术的逐步应用,编程更多应用于解决实际日常问题,见例 3.2 所示。

【例 3.1】 已知 x 的值,求解 y,应遵循如下规则:

当 x＞0 时 y＝x＋1;

当 x＝0 时 y＝x;

当 x＜0 时 y＝－x。

【例 3.2】 商品价格随团购人数而定,试根据团购人数求最终实际出售价格,求解过程应遵循如下规则:

如果团购人数为 10 人以上,商品价格为原价的 9 折;否则商品按原价出售。

无论是计算求值问题还是购买商品的价格确定问题,都可以看到它们存在一个共同的运算逻辑:不同情况下最终得出的结果会不一样,通过不同的“选择”计算出不同的结果。如何通过 C 语言编程来实现选择结构的程序设计呢? C 语言提供了如下的语法形式:

if(某种情况) 则 {进行结果值的相关计算}

if 是关键字,“某种情况”则通过编写“条件是否成立”的语句来实现,“进行结果值的相关计算”,只要是 C 语言的语句即可。可以进一步理解成:

if(条件成立) 则 {语句块}

当语句块中的语句数目大于一个时,需要使用{}。

在 C 语言中如何编写“条件成立”呢? 这就要学习下述的关系表达式和逻辑表达式,这些表达式均可以用来表达“条件”。

当单个条件成立时,执行语句块。那么这单个条件可以编写对应的一个关系表达式。

当多个条件成立时,执行语句块。那么这多个条件则需要编写对应的逻辑表达式。

3.2 关系运算符和关系表达式

关系运算符是指用来对两个数值进行比较的比较运算符。

C 语言提供 6 种关系运算符:

＜ (小于)

＜＝ (小于或等于)

＞ (大于)

＞＝ (大于或等于)

＝＝ (等于)

！＝ (不等于)

关系表达式是用关系运算符将两个数值或数值表达式连接起来的式子。

关系表达式的值是一个逻辑值,即“真”或“假”。

在C语言逻辑运算中,以“1”代表“真”,以“0”代表“假”。

对于例3.1来说,表达“当 x>0”这单个条件时,可以使用关系表达式:

x>0

但是表达“当 x=0”时,关系表达式应为:

x==0

此处两个表达式的值将会根据实际 x 的值得到真或者假的结果。

对于例3.2来说,表达“如果团购人数大于或等于10”,则可以这样来设计:

团购人数对应的变量可定义为:number。

关系表达式为:number>=10。

至此,从一般形式来看:

if(条件成立) 则 {语句块}

在关于单个条件如何编写已经初步理解的基础上,要试着写一个完整的 if 语句。要试着学习在条件成立的基础上,如何编写后续的语句块。

3.3 if 语句处理选择结构

if 语句可以表达“条件成立时要做什么”的语义。if 语句处理选择结构可以分为三种形式:简单 if 语句、if-else 语句、嵌套的 if-else 语句。

3.3.1 简单 if 语句的一般形式

简单 if 语句的一般形式为:

if(条件成立) 则 {语句块}

例3.1使用 if 语句可以表达为:

```
if (x> 0)   y= x+ 1;
if (x= = 0)   y= x;
if (x< 0)   y= - x;
```

例3.2使用 if 语句可以表达为:

```
if (number> = 10)   price= originprice * 0.9;
if (number< 10)   price= originprice;
```

此处最终商品价格对应的变量为 price,原始价格对应的变量为 originprice。

第二个 if 语句表示当团购人数小于10人的时候,价格不变。仔细分析此处的两个 if 语句,会发现团购人数在此例中可以理解为:团购人数大于或等于10价格会变动为九折,其他情况时就是原价。C语言为此提供一种语法表示:当某种条件成立时要做什么,不成立时做什么。这就是 if-else 语句。

3.3.2 if-else 语句的一般形式

if-else 语句的一般形式为:

if(条件成立){语句块}

else {语句块}

例 3.2 中的 if 语句可以表达为：

```
if(number> = 10)  price= originprice * 0.9;
else  price= originprice;
```

思考：例 3.1 无法用一个 if-else 语句完成 3 种情况的表达，为什么？

小提示：

if 分支和 else 分支均分别表示一种情况，而例 3.1 一共有 3 种情况，所以无法用一个 if-else 来完成。可以进一步学习如果在 if-else 中进行 if-else 的嵌套呢，那是不是就可以表示更多的情况？

3.3.3 嵌套的 if-else 语句

嵌套的 if-else 语句的一般形式为：

if(条件表达式){语句块}

else if(条件表达式){语句块}

按照这个嵌套形式的表达，例 3.1 中的三种情况应该编写如下：

```
if  (x> 0)  y= x+ 1;
  else
    if  (x= = 0)  y= x;
    else
    if  (x< 0)  y= - x;
```

分析此句：

当 x>0 不成立时，又细分为两种情况：x 等于 0 成立及不成立的时候。所以上句又可以写为：

```
if  (x> 0)  y= x+ 1;
  else
    if  (x= = 0)  y= x;
    else
    y= - x;
```

举一反三，可以发现有如下等价语句：

等价语句 1：

```
if (x= = 0)  y= x;
  else
    if (x> 0)  y= x+ 1;
    else
    y= - x;
```

等价语句 2：

```
if  (x< 0)  y= - x;
  else
    if (x= = 0)  y= x;
    else
    if (x> 0)  y= x+ 1;
```

等价语句 3：

```
if (x> = 0)
    if (x> 0) y= x+ 1;
    else  if(x= = 0) y= x;
else y= - x;
```

注意：else 总是和最近尚未配对的 if 进行配对。

在等价语句 3 中，最后的 else 和第一个 if 进行配对。

例 3.1 的完整程序参考如下：

```
# include< stdio.h>
void main()
{
    int x,y;
    scanf("% d",&x);
    if  (x> 0)  y= x+ 1;
    else
    if  (x= = 0)  y= x;
    else
    y= - x;
    printf("y= % d\n",y);
}
```

测试运行如下：

```
请输入x的值：8
y=9
Press any key to continue_
```

其中 if 语句所构成的选择结构也可以使用其他等价的语句替代。

例 3.2 的完整程序为：

```
# include< stdio.h>
void main()
{
    int number= 0;
    double originprice,price;
    printf("请输入 number 的值：");
    scanf("% d",&number);
    printf("请输入 originprice 的值：");
    scanf("% lf",&originprice);
```

```
    if  (number> = 10)
        price= originprice* 0.9;
    else price = originprice;
    printf("商品价格为:% lf\n",price);
}
```

运行结果如下：

```
请输入number的值: 12
请输入originprice的值: 100
商品价格为: 90.000000
Press any key to continue
```

如果例 3.2 的折扣规则变更为：

团购人数大于或等于 10 人、小于 20 人为 9 折，大于或等于 20 人为 8 折，小于 10 人不打折。上述使用的关系表达式能否写成如下形式：

$$20>\text{Number}>=10$$

修改例 3.2 的程序如下：

```
# include< stdio.h>
void main()
{
    int number= 0;
    double originprice,price;
    printf("请输入 number 的值:");
    scanf("% d",&number);
    printf("请输入 originprice 的值:");
    scanf("% lf",&originprice);
    if  (20> number> = 10)
        price= originprice* 0.9;
    else price = originprice;
    printf("商品价格为:% lf\n",price);
}
```

运行结果如下：

```
请输入number的值: 12
请输入originprice的值: 100
商品价格为: 100.000000
Press any key to continue
```

运行结果不是我们想要的，原因在于：

20>number，此关系表达式在上述程序运行中，结果是成立的，值为 1；再将 1 和 10 进行判断，结果为不成立，为 0，所以商品价格输出为 100。

那么在 C 语言中，如何表示多个条件在一起的组合呢？这就需要学习下一节的逻辑运算符和逻辑表达式。

3.4 逻辑运算符和逻辑表达式

C 语言提供了 3 种逻辑运算符：&&(逻辑与)、||(逻辑或)和！(逻辑非)。其中 && 和 ||是双目(元)运算符，！是一目(元)运算符。

逻辑表达式是使用逻辑运算符将关系表达式或其他逻辑量连接起来的式子。逻辑运算遵循表 3-1 所示的规则。

表 3-1 逻辑运算的真值表

a	b	！a	！b	a && b	a || b
真	真	假	假	真	真
真	假	假	真	假	真
假	真	真	假	假	真
假	假	真	真	假	假

逻辑表达式的值应该是逻辑量“真”或“假”，编译系统在表示逻辑运算结果时，以数值 1 代表“真”，以 0 代表“假”。但在判断一个量是否为“真”时，以 0 代表“假”，以非 0 代表“真”。

注意：将一个非 0 的数值认作为“真”，这样，运算中的数据可以参与逻辑运算。将运算规则进行修改，如表 3-2 所示。

表 3-2 修改后的逻辑运算真值表

a	b	！a	！b	a && b	a || b
非 0	非 0	0	0	1	1
非 0	0	0	1	0	1
假	非 0	1	0	0	1
假	0	1	1	0	0

逻辑运算符的优先次序为：

$$! \rightarrow \&\& \rightarrow ||$$

例如，下列各表达式及各表达式的值：

(1)若 a=4，则！a 的值为 0；

(2)若 a=4，b=5，则 a && b 的值为 1；

(3) a 和 b 的值分别为 4 和 5，则 a||b 的值为 1；

(4) a 和 b 的值分别为 4 和 5，则！a||b 的值为 1；

(5) 4 && 0 || 2 的值为 1。

对于例 3.2 的折扣规则“团购人数大于或等于 10 人、小于 20 人为 9 折”，采用逻辑表达式修改例 3.2：

```
# include< stdio.h>
void main()
{
    int number= 0;
    double originprice,price;
    printf("请输入 number 的值:");
    scanf("% d",&number);
    printf("请输入 originprice 的值:");
    scanf("% lf",&originprice);
    if  ((20> number)&&(number> = 10) )
        price= originprice* 0.9;
    else price = originprice;
    printf("商品价格为:% lf\n",price);
}
```

运行结果如下：

```
请输入number的值：12
请输入originprice的值：100
商品价格为：90.000000
Press any key to continue
```

其中((20＞number)&&(number＞＝10))，可以替换成(20＞number&&number＞＝10)，这是因为逻辑运算符"&&"的优先级高于关系运算符"＞"。

【例 3.3】 输入一个字符，判断是小写字符后，将其转换成大写字符并输出；否则原样输出字符。

分析：

此例中应该解决的核心问题是如何判断一个字符是小写字符。

我们知道，字符在内存中以 ASCII 码值进行存放，所以我们可以写出如下关系运算：

```
char c= 'a';
```

当进行 c＜'b'的关系表达式判断时，将'a'所对应的 ASCII 码值 97 和'b'对应的 98 进行比较，结果为真。

所以要判断一个字符是否为小写字符，只需使用如下形式：

```
char c;
(c> = 'a'&&c< = 'z')
```

完整程序示例如下：

```
# include< stdio.h>
void main()
{
    char c;
    scanf("% c",&c);
```

```
        if (c> = 'a' &&c< = 'z')
        c= c- 32;
        printf("% c\n",c);
    }
```

输入小写字母“g”时，输出对应的大写字母“G”；输入大写字母“G”时，仍然输出大写字母“G”。

运行结果如下：

```
g
G
Press any key to continue_
```

```
G
G
Press any key to continue_
```

3.5 条件运算符和条件表达式

有一种 if 语句，当被判别的表达式的值为“真”或“假”时，都执行一个赋值语句且向同一个变量赋值。

例如：

```
    if (a> b)
        max= a;
    else
        max= b;
```

C 语言提供了条件运算符编写的条件表达式，可以表达出等效的 if 语句：

```
    max =  (a >  b) ? a : b;
```

条件表达式的一般形式为：

表达式 1？ 表达式 2：表达式 3

条件运算符的执行顺序：

①求解表达式 1；

②若为非 0(真)，则求解表达式 2，此时表达式 2 的值就作为整个条件表达式的值；

③若表达式 1 的值为 0(假)，则求解表达式 3，表达式 3 的值就是整个条件表达式的值。

条件运算符优先于赋值运算符。

以下为合法的使用方法：

◆a>b ？(max=a)：(max=b)；

◆a>b ？printf(“%d”,a)：printf(“%d”,b)；

对例 3.2 进行改动：

```
#include<stdio.h>
void main()
{
    int number= 0;
    double originprice,price;
    printf("请输入 number 的值:");
    scanf("% d",&number);
    printf("请输入 originprice 的值:");
    scanf("% lf",&originprice);
    price= number> = 10? originprice* 0.9:originprice;
    printf("商品价格为:% lf\n",price);
}
```

其中：

```
price= number> = 10? originprice* 0.9:originprice;
```

也可以改为：

```
number> = 10?(price= originprice* 0.9):(price= originprice);
```

3.6 多分支选择结构

switch 语句用来实现多分支选择结构。

switch 语句的一般形式为：

```
switch(表达式){
    case 常量表达式 1:  语句 1;
    case 常量表达式 2:  语句 2;
    …
    case 常量表达式 n:  语句 n;
    default:语句 n+ 1;
}
```

其语义是:计算表达式的值，并逐个与其后的常量表达式的值相比较。当表达式的值与某个常量表达式的值相等时，即执行其后的语句,然后不再进行判断,继续执行后面所有case 后的语句;如表达式的值与所有 case 后的常量表达式均不相同,则执行 default 后的语句。

【例 3.4】 “心情”列表展示了 3～5 种心情的数字序号和心情状态。程序需要输出这个“心情”列表,然后由用户输入某一个数字,程序会输出对应的心情。

```
#include< stdio.h>
void main()
{
    int x;
    printf("今天心情怎么样? \n");
```

```
        printf("请按照下列提示输入数字:2:心情非常好 1:心情好;0:心情一般;- 1:心情糟透
了;其他数字:奇怪的心\n");
        scanf("% d",&x);
        switch(x)
        {
          case 2:printf("心情非常好");
          case 1:printf("心情好");
          case 0: printf("心情一般");
          case - 1: printf("心情糟透了");
          default:printf("奇怪的心");
        }
        printf("\n");
    }
```

运行结果为：

```
今天心情怎么样?
请按照下列提示输入数字: 2: 心情非常好1: 心情好; 0: 心情一般; -1: 心情糟透了;其他
数字: 奇怪的心
1
心情好心情一般心情糟透了奇怪的心
Press any key to continue
```

好像没有达到预计的输出结果，这是因为：当 x 为 1 时，执行 case 1 的分支，但是后续的语句会被依次输出。如果在每个分支后加上 break 语句，则可以直接跳出选择结构。

C 语言提供了 break 语句，专门用于跳出 switch 选择结构。break 语句只有关键字 break，没有参数。

修改程序如下：

```
    # include< stdio.h>
    void main()
    {
        int x;
        printf("今天心情怎么样? \n");
        printf("请按照下列提示输入数字:2:心情非常好 1:心情好;0:心情一般;- 1:心情糟透
了;其他数字:奇怪的心\n");
        scanf("% d",&x);
        switch(x)
        {
            case 2:printf("心情非常好");break;
            case 1:printf("心情好");break;
            case 0: printf("心情一般");break;
            case - 1: printf("心情糟透了");break;
            default:printf("奇怪的心");break;
```

```
        }
        printf("\n");
    }
```

运行结果为：

```
今天心情怎么样?
请按照下列提示输入数字：2：心情非常好1：心情好；0：心情一般；-1：心情糟透了;其他数字：奇怪的心
2
心情非常好
Press any key to continue_
```

使用 switch 语句来实现例 3.1 的编码：

```
# include< stdio.h>
void main()
{
    int x,y;
    int result;
    scanf("% d",&x);
    result= x> 0;
    switch(result)
    {
      case 1: y= x+ 1;break;
      case 0: y= x;break;
      default:y= - x;break;
    }
    printf("y= % d\n",y);
}
```

运行结果为：

```
8
y=9
Press any key to continue_
```

```
-12
y=-12
Press any key to continue_
```

```
0
y=0
Press any key to continue_
```

此处也可以更为简洁地编写如下：

```
# include< stdio.h>
void main()
{
```

```
        int x,y;
        scanf("% d",&x);
        switch(x> 0)
        {
            case 1: y= x+ 1;break;
            case 0: y= x;break;
            default:y= - x;break;
        }
        printf("y= % d\n",y);
    }
```

switch 语句往往可以解决分支较多的问题。和 if 语句相比，使用 switch 语句编写的程序更为清晰、简洁，如下例所示：

【例 3.5】 批发市场卖袜子，每双 6.5 元，但依据购买的数量可给予如下优惠：

购买 1000 双以上优惠 5%；

购买 2000 双以上优惠 7%；

购买 3000 双以上优惠 9%；

购买 4000 双以上优惠 11%；

购买 5000 双以上优惠 15%。

根据不同的购买量，输出应付货款。

分析：

如果设计袜子数量的变量为 n，每个分支如果设计为：

case:1000；

case:2000；

case:3000；

case:4000；

case:5000；

显然，如果存在 2001 双、3200 双这样的购买量，则无法通过这样的思路来解决。可以换作另一个思路：

无论袜子数量是 2999 双还是 2000 双，程序得到的中间结果应该是优惠 7%；

无论袜子数量是 3999 双还是 3000 双，程序得到的中间结果应该是优惠 9%；

……

那么如何由 2999、2000 或 3999、3000 经过某个运算后得到同一个结果呢？

可以利用 1999/1000、1000/1000 得到同一个 1；

可以利用 2999/1000、2000/1000 得到同一个 2；

可以利用 3999/1000、3000/1000 得到同一个 3；

……

通过这样的规律，可以使得：

购买 1000 双以上的袜子量通过 n/1000 得到同一个 1；

购买 2000 双以上的袜子量通过 n/1000 得到同一个 2；

购买 3000 双以上的袜子量通过 n/1000 得到同一个 3；

……

所以设计程序如下：

```
# include<stdio.h>
main()
{
    int n;
    float price= 6.5;
    float off,total;
    printf("请输入袜子购买数量:");
    scanf("% d",&n);
    switch(n/1000)
    {
        case 0:off= 0;break;
        case 1:off= 0.05;break;
        case 2:off= 0.07;break;
        case 3:off= 0.09;break;
        case 4:off= 0.11;break;
        default: off= 0.15;break;
    }
    total= n* price* (1- off);
    printf("应付货款为:% 6.2f\n",total);
}
```

运行结果为：

```
请输入袜子购买数量: 600
应付货款为: 3900.00
Press any key to continue
```

```
请输入袜子购买数量: 4800
应付货款为: 27768.00
Press any key to continue
```

```
请输入袜子购买数量: 5001
应付货款为: 27630.52
Press any key to continue
```

在使用 switch 语句时还应注意以下几点：

(1)在 case 后的各常量表达式的值不能相同，否则会出现错误。

(2)在 case 后，允许有多个语句，可以不用{}括起来。

(3)各 case 和 default 子句的先后顺序可以变动，且不会影响程序执行结果。

(4)default 子句可以省略不用。

break 语句在 switch 语句中应用时，往往并不是每个分支都一定要使用 break 语句的，如下例所示：

【例 3.6】 case 分支的语句块不含 break 语句的应用。

```
# include< stdio.h>
void main()
{
    int c;
    while((c= getchar())! = '\n')
    {
      switch(c- '2')
      {
        case 0:
        case 1:putchar(c+ 4);
        case 2:putchar(c+ 4); break;
        case 3:putchar(c+ 3);
        default:putchar(c+ 2);break;
      }
    }
}
```

运行时输入数据：2473〈CR〉。〈CR〉代表 Enter。

结果为：

668977

这是因为：输入的第一个字符'2'和'2'相减的结果为数值 0，因为没有 break 语句，继续执行 case 1 的分支，c 的值并没有因为前述"c－'2'"发生改变，所以将会输出 6，同样没有 break 语句，继续执行 case 2 的分支，继续输出 6，跳出循环。后续的 8977 读者自行分析。

当 switch 语句的分支中又存在子 switch 语句时，仍然可以将子 switch 语句看作为分支中的"普通"一员，如例 3.7 所示：

【例 3.7】 switch 语句的某一个分支语句块嵌套 switch 语句的应用。

```
# include< stdio.h>
void main()
{
    int a= 0,b= 2, c= 3;
    switch(a)
    {
    case 0:
      switch(b= = 2)
      {
        case 1:printf("* ");break;
        case 2:printf("% ");break;
```

```
      }
    case 1:
      switch(b= = 3)
      {
        case 1:printf("$ ");
        case 2:printf("* ");break;
        default:printf("# ");
      }
    }
}
```

分析：

当 b==2 成立时，输出 * 。执行 break 语句后，跳出“switch(b==2)”的多分支选择结构，继续往后执行“case1:”这个分支。

因为 b==3 不成立，执行对应 default 分支的语句，输出 # 。

此题在外层 switch 选择结果中，并没有出现“default”分支。当 a 的初值不是 0 或者 1 时，将无对应分支的语句得以执行，将会没有任何输出。

本章作业

一、选择题

(1)能正确表示 a 和 b 同时为正或同时为负的逻辑表达式是(　　)。

A. (a>=0||b>=0)&&(a<0|| b<0)

B. (a>=0&&b>=0)&&(a<0&&b<0)

C. (a+b>0)&&(a+b<=0)

D. a * b>0

(2)若执行下面的程序时从键盘上输入 3 和 4：

```
main()
{
    int a,b,s;
    scanf("% d % d",&a,&b);
    s= a;
    if(a< b)s= b;
    s= s* s;
    printf("% d\n",s);
}
```

则输出是(　　)。

A. 14　　B. 16　　C. 18　　D. 20

(3)有以下程序段：

```
int i= 0,j= 0;
int a= 2,b= 4,c= 5,d= 6;
```

表达式(i=a-b)&&(j=c-d)的结果是(　　)。

A. 1　　B. 0

C. -2　　D. -1

(4)若给定条件表达式(m)?(a++):(a--),则表达式 m 等价于(　　)。

A. (m==0)　　B. (m==1)

C. (m!=0)　　D. (m!=1)

二、思考题

(1)C 语言如何表示“真”与“假”？系统如何判断一个量的“真”与“假”？

(2)比较单分支、双分支、多分支 if 语句。分支结构主要用在哪些情况下？它有哪几种形式？

(3)写出下面各逻辑表达式的值。设 a=3,b=4,c=5。

①a+b>c&&b==c;

②a||b+c&&b-c;

③!(a>b)&&!c||1;

④!(x=a)&&(y=b)&&0;

⑤!(a+b)+c-1&&b+c/2。

(4)对方程 $y=\begin{cases}-1 & x<0\\ 0 & x=0\\ 1 & x>0\end{cases}$ 的描述哪些是正确的？

①
```
if (x< 0)y= - 1;
  else  if(x= = 0) y= 0;
  else  y= 1;
```

②
```
if(x> = 0)
  if(x> 0) y =  1;
  else y =  0;
  else y =  - 1 ;
```

③
```
y =  - 1 ;
  if(x! = 0)
    if(x> 0) y =  1 ;
    else y =  0 ;
```

④
```
y =  0 ;
    if (x> = 0)
    if(x> 0) y =  1  ;
```

(5)阅读以下程序，指出程序运行结果。

```
# include < stdio.h>
void main()
{
    int a , b ;    a = b = 5 ;
   if(a= = 1)
   if(b= = 5)
   {
     a+ = b ;
     printf("a= % d\n ",a) ;
   }
   else
   {
     a- = b ;
     printf("a= % d\n",a) ;
   }
   printf("a+ b= % d",a+ b) ;
}
```

(6)阅读程序并完成思考题。该程序实现的功能是：判断一个整数是否既是 2 的倍数又是 3 的倍数。

```
# include< stdio.h>
void main()
{
   int n ,flag = 0 ;
   printf("请输入整数:") ;
   scanf("% d",&n) ;
   if((n% 2= = 0)&&(n% 3= = 0)) flag = 1 ;
   if(flag= = 0) printf("% d 不能同时被 2 和被 3 整除\n",n) ;
   else printf("% d 能同时被 2 和被 3 整除\n",n) ;
}
```

思考：flag 的作用是什么？如果去掉 flag,程序应该如何改动？

(7)阅读程序并完成思考题。该程序实现的功能是：根据输入的字符输出相应的字串：

输入字符	输出字串
a 或 A	American
b 或 B	Britain
c 或 C	China
d 或 D	Denmark
其他	Other

```
#include< stdio.h>
void main()
{
    char c;
    printf("请输入字符:");
    scanf("%c",&c);
    switch(c)
    {
      case'a':
      case'A':printf("American\n");break;
      case'b':
      case'B':printf("Britain\n");break;
      case'c':
      case'C':printf("China\n");break;
      case'd':
      case'D':printf("Denmark\n");break;
      default : printf("Other\n");
    }
}
```

思考：此题为何不用 if 语句的结构形式？if 语句与 switch 语句的区别是什么？

三、编程题

(1)有 3 个整数 a、b、c，由键盘输入，输出其中最大的数。

(2)给出一百分制成绩，要求输出成绩等级 A、B、C、D、E。90 分及以上为 A，80～89 分为 B，70～79 分为 C，60～69 分为 D，60 分以下为 E。

(3)将一个正整数分解质因数。例如输入 90，打印出 90=2*3*3*5。

第4章

循环结构程序设计

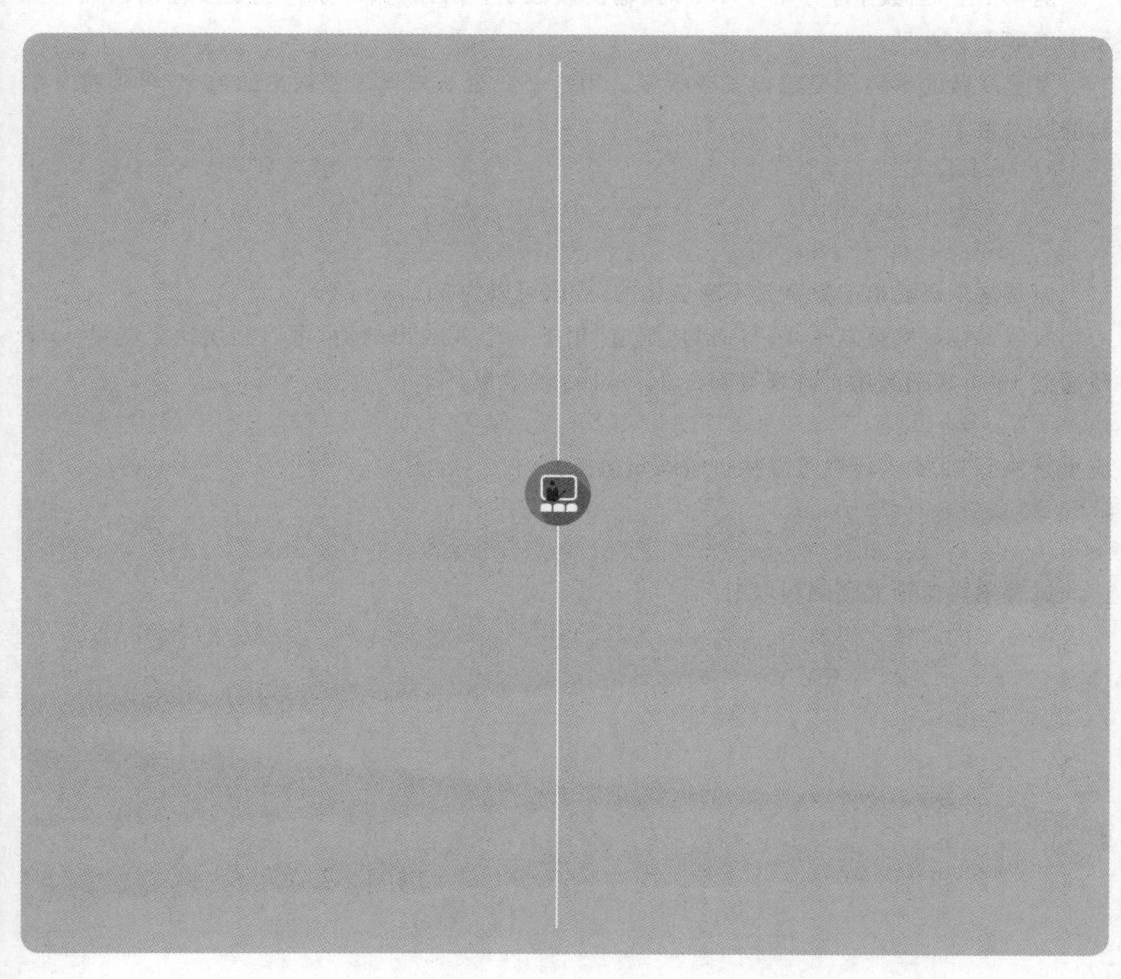

4.1 概述

循环结构和顺序结构、选择结构是结构化程序设计的三种基本结构，它们是各种复杂程序的基本构造单元。多数应用程序都会包含循环结构。

【例 4.1】 完成 1,2,3,…,100 的逐个输出。

可写出对应 C 语句片段为：

```
printf("1");
printf("2");
…
printf("100");
```

这个程序段使用最常见的顺序结构来完成程序功能的实现。如何优化上述 C 语句来完成相同的程序功能呢？将上述程序段由顺序结构改造成循环结构即可达到优化程序代码、提高可读性、增强可维护性的效果。

循环意味着将要做的事情不停地重复，重复到何时停止呢？这就需要“循环条件”来决定，循环条件不成立，继续重复做这件事情，条件成立，不再重复，也就是循环终止。

例 4.1 中，当数字小于等于 100 时，输出该数字。所以，循环条件就是要输出的数字必须小于等于 100。

要重复做的事情就是输出某个数字。用一个变量 x 来代表要输出的数字，可以将 x 的初值设定为 1。

```
int x= 1;
while (x< = 100)
printf("% d ",x);
```

但是这个要输出的数字是不断变化的，应该可以为 1,2,…,100。

所以要在每次重复时，编写语句“制造”出下一个要输出的值，可以利用这个变量 x，不断通过 x+1 来达到由 1 持续得到 2,3,…,100 的效果。

```
x= x+ 1;
```

应重复执行 99 次。所以重复执行的语句包括：

```
printf("% d ",x);
x= x+ 1;
```

试着编写这个完整的程序吧。

例 4.1 的完整代码如下：

```
# include< stdio.h>
void main()
{
    int x= 1;
    while (x< = 100)
    {
```

```
        printf("% d ",x);
        x= x+ 1;
    }
}
```

运行结果如下：

```
1 2 3 4 5 6 7 8 9 10 11 12 13 14 15 16 17 18 19 20 21 22 23 24 25 26 27 28 29 30
 31 32 33 34 35 36 37 38 39 40 41 42 43 44 45 46 47 48 49 50 51 52 53 54 55 56 5
7 58 59 60 61 62 63 64 65 66 67 68 69 70 71 72 73 74 75 76 77 78 79 80 81 82 83
84 85 86 87 88 89 90 91 92 93 94 95 96 97 98 99 100 Press any key to continue
```

其中 while (x<=100)可以理解为：当 x<=100 时，重复执行"{}"中的语句。while 后所接的表达式为条件表达式，也就是将重复执行的条件。

至此，已经初探了有着循环结构的程序概貌。在 C 语言中，while、do-while、for 等特定语法是专门用来实现循环思想的。4.2 节和 4.3 节将重点讲述这些实现循环结构的语法。

4.2 用 while 和 do-while 实现循环

4.2.1 用 while 语句实现循环

while 语句的一般形式如下：

while (表达式) {循环体语句}

当循环体语句为一句时，不需要"{}"。

while 循环的特点：先判断条件表达式，后执行循环体语句。

while 语句流程图如图 4-1 所示。

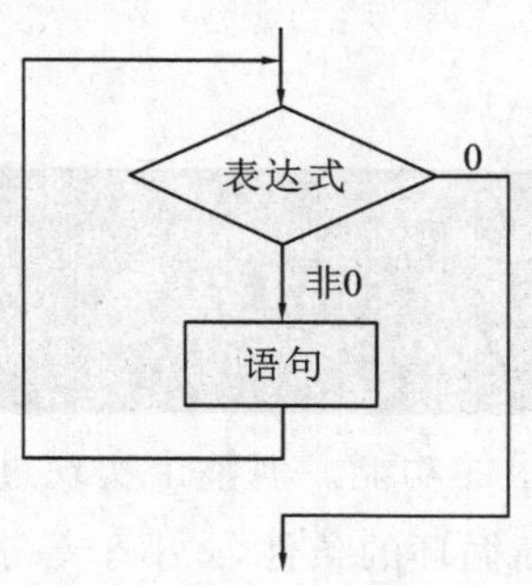

图 4-1 while 语句流程图

4.2.2 用 do-while 语句实现循环

do-while 语句的特点：先无条件地执行循环体，然后判断循环条件是否成立。

do-while 语句的一般形式为：

do
{循环体语句}
while (表达式);

do-while 语句流程图如图 4-2 所示。

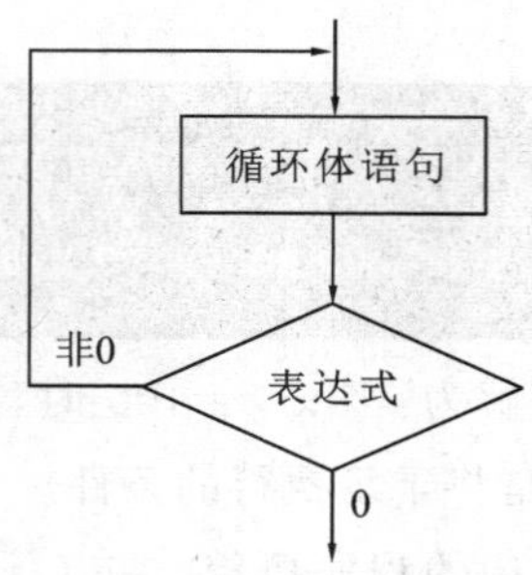

图 4-2　do-while 语句流程图

将上述 while 语句实现的例 4.1 改用 do-while 语句来实现:

【例 4.2】 do-while 语句示例。

```
# include< stdio.h>
void main()
{
    int x= 1;
    do
    {
      printf("% d ",x);
      x= x+ 1;
    }
    while (x< = 100);
}
```

运行结果如下:

```
1 2 3 4 5 6 7 8 9 10 11 12 13 14 15 16 17 18 19 20 21 22 23 24 25 26 27 28 29 30
 31 32 33 34 35 36 37 38 39 40 41 42 43 44 45 46 47 48 49 50 51 52 53 54 55 56 5
7 58 59 60 61 62 63 64 65 66 67 68 69 70 71 72 73 74 75 76 77 78 79 80 81 82 83
84 85 86 87 88 89 90 91 92 93 94 95 96 97 98 99 100 Press any key to continue_
```

该程序同样可以实现题目要求的功能。但整个实现过程采用了不同的思路:

输出 x 的值,将 x 值增 1,判断循环的条件,x 小于等于 100,则继续执行循环体;直到判断循环的条件不成立时,退出循环。

也可以理解为:重复执行循环体,直到 x>100 时,退出循环。所以,这也是常说的"直到"循环。

4.2.3　while 和 do-while 循环的比较

while 和 do-while 循环的比较在具体编写程序时,是否仅仅只是循环条件书写在循环体语句前或者循环体语句后的区别呢？对于实现的功能而言，是否永远都是等价的呢？

来看下列 2 段程序，一个使用 while 循环语句，一个使用 do-while 循环语句。两段程序是否完全等价呢？

【例 4.3】 阅读程序，分析 while 循环语句和 do-while 循环语句的作用。

while 循环的实现：

```
# include< stdio.h>
void main()
{
    int x= 1;
    while (x< 1)
    {
      printf("% d ",x);
      x= x+ 1;
    }
}
```

运行结果如下：

```
Press any key to continue_
```

do-while 循环的实现：

```
# include< stdio.h>
void main()
{
    int x= 1;
    do
    {
      printf("% d ",x);
      x= x+ 1;
    }
    while (x< 1);
}
```

运行结果如下：

```
1 Press any key to continue_
```

do-while 循环至少执行一次，while 循环则有可能循环体一次都不会得以执行。

4.3 用 for 语句实现循环

for 语句是以各种紧凑的形式实现循环结构的。

试着将例 4.1 的功能“从 1 输出到 100”采用 for 语句重新编写。

【例 4.4】 for 语句实现“从 1 输出到 100”。

```
# include< stdio.h>
void main()
{
    int x;
    for( x= 1;x< = 100;x+ + )
    {
      printf("% d ",x);
    }
}
```

运行结果如下：

```
1 2 3 4 5 6 7 8 9 10 11 12 13 14 15 16 17 18 19 20 21 22 23 24 25 26 27 28 29 30
 31 32 33 34 35 36 37 38 39 40 41 42 43 44 45 46 47 48 49 50 51 52 53 54 55 56 5
7 58 59 60 61 62 63 64 65 66 67 68 69 70 71 72 73 74 75 76 77 78 79 80 81 82 83
84 85 86 87 88 89 90 91 92 93 94 95 96 97 98 99 100 Press any key to continue
```

可以看到，设置初值，设置循环条件，改变循环变量均在 for 结构中以一种更为紧凑的形式编写在一起。它实现了 while 语句完成的同样的功能。

for 语句的一般形式为：

for(表达式 1;表达式 2;表达式 3)
{循环体语句}

for 语句流程图如图 4-3 所示。

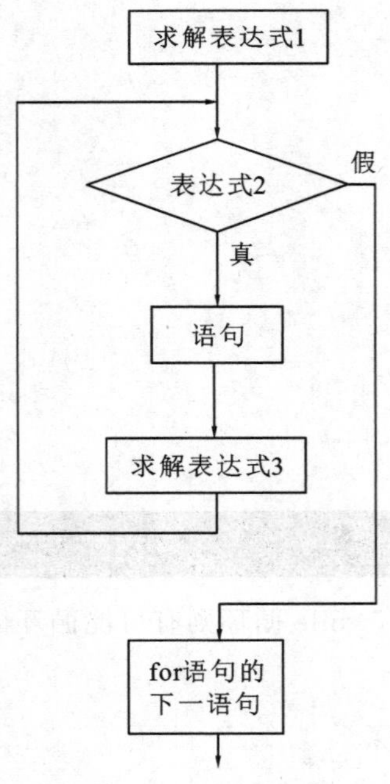

图 4-3 for 语句流程图

三个表达式各司其职：

表达式 1：

设置初始条件，只执行一次。可以为零个、一个或多个变量设置初值。

表达式 2：

循环条件表达式，用来判定是否继续循环。在每次执行循环体前先执行此表达式，决定是否继续执行循环。

表达式 3：

作为循环的调整器，例如使循环变量增值，它是在执行完循环体后才进行的。

根据该流程图，可以看到 for 语句的执行过程如下：

(1)求解表达式 1；

(2)求解表达式 2，若其值为真，执行循环体，然后执行下面第(3)步，若为假，则结束循环，转到第(5)步；

(3)求解表达式 3；

(4)转回上面步骤(2)继续执行；

(5)循环结束，执行 for 语句下面的一个语句。

【例 4.5】 将 1～9 中能被 3 整除的数倒序输出，如 9，6，3。

分析：

如使用 for 语句，可以写成：

```
# include< stdio.h>
void main()
{
    int sum,i;
    for(i= 9; i> 0; i- - )
        if (i% 3= = 0)
          printf("% d ",i);
}
```

如果 i 的初值为 9 在 for 语句之前就已经设定，则 for 语句中第一个表达式可以省略，如：

```
# include< stdio.h>
void main()
{
    int sum,i= 9;
    for(; i> 0; i- - )
        if (i% 3= = 0)
        printf("% d ",i);
}
```

注意：三个表达式中的一个、两个或三个均可以省略，如果出现表达式的省略，执行过程仍然保持不变。例如：

```
# include< stdio.h>
void main()
{
    char c;
    for(; (c= getchar())! = '\n';)
    printf("% c",c);
}
```

运行结果如下：

```
abc
abcPress any key to continue
```

运行时输入 abc 及回车后，循环退出。

此处省略了 for 语句中的第一个表达式和第三个表达式。但仍然可以看到 for 语句实现了循环结果，只不过此处循环退出条件的满足不是来自循环变量的自增或者自减，而是 c 这个变量自身被赋的值。

注意：表达式中也可以出现不同的变量。

【例 4.6】 求 1＋2＋3＋…＋100 的和。

分析：

加数与和数设计为两个变量 sum，i。它们在每一次循环中都会发生改变；i 既作为循环变量会自增 1，同时会作为加数参与相加计算。

sum 在每次循环中都会“记载”当次加数加入总和后的结果。

所以，这两个变量都应该被赋予初值。i 的初值为 1，sum 的初值为 0。赋初值的运算只需要执行一次，所以放在 for 语句的 “表达式 1”这个位置上来编写。

具体编码如下：

```
# include< stdio.h>
void main()
{
    int sum,i;
    for(sum= 0,i= 1 ; i< = 100; i+ + )
        sum= sum+ i;
    printf("% d\n",sum);
}
```

运行结果如下：

```
5050
Press any key to continue
```

试着举一反三，编写如下功能的程序：

【例 4.7】 求出 $1+\frac{1}{2}+\frac{1}{3}+\frac{1}{4}+\frac{1}{5}+\cdots+\frac{1}{n}$的和。

其中，n>=2，从键盘输入。

分析：

设循环变量为 i，循环条件可以写为：i<=n。

每次循环需要加入的数可以写为：1/i。

例 4.7 的编码如下：

```
# include< stdio.h>
void main()
{
    int i,n;
    double sum= 0.0;
    printf("请输入 n:");
    scanf("% d",&n);
    for(i= 1;i< = n;i+ + )
    sum= sum+ 1.0/i;
    printf("1+ 1/2+ 1/3+ ...+ 1/n= % f\n",sum);
}
```

运行结果如下：

```
请输入n:4
1+1/2+1/3+...+1/n=2.083333
Press any key to continue
```

注意：如果除法运算符两边的运算对象均为整数，则所得结果也为整数；所以 1/i 写成 1.0/i 即运算对象之一为浮点数时，运算结果也为浮点数。

switch 语句在 for 循环体中出现时可以将 switch 语句整体作为所在的 for 循环体中的一个元素，如例 4.8 所示。

【例 4.8】 for 语句中嵌套 switch 语句示例。

```
# include< stdio.h>
void main()
{
    char k;int i;
    for(i= 0;i< = 3;i+ + )
    {
      scanf("% c",&k);
      switch(k)
      {
        case'0':printf("# ");
        case'1':printf("* ");
      }
    }
}
```

从键盘输入 1001,结果为 * # * # * * 。

分析:

for 循环总共循环了 4 次,每一次循环时,均要完成如下“事情”:

输入一个字符;判断这个字符是 0 或者 1,并且完成相应分支的操作。

当第一次输入 1 时,输出 * ;

第二次输入 0 时,输出 # 和 * ;

第三次输入 0 时,输出 # 和 * ;

第四次输入 1 时,输出 * 。

通过如上 while、do-while、for 的学习,下面对这 3 种循环进行比较:

(1)一般情况下,3 种循环可以互相代替。

(2)在 while 和 do-while 循环中,循环体应包含使循环趋于结束的语句。

(3)用 while 和 do-while 循环时,循环变量初始化的操作应在 while 和 do-while 语句之前完成,而 for 语句可以在表达式 1 中实现循环变量的初始化。

4.4 循环的嵌套

一个循环体内又包含另一个完整的循环结构,称为循环的嵌套。内嵌的循环中还可以嵌套循环,这就是多层循环。3 种循环(while 循环、do-while 循环和 for 循环)可以互相嵌套。

先来看一个双 for 循环嵌套的示例。

【例 4.9】 for 循环嵌套示例。

```
# include< stdio.h>
void main()
{
    int i,j;
    for(i= 1 ; i< = 5; i+ + )
    {
      for(j= 1 ; j< = 5; j+ + )
        printf("* ");
      printf("\n");
    }
}
```

运行结果如下:

```
*****
*****
*****
*****
*****
Press any key to continue
```

“ * ”总共输出了 25 个，这是因为在内层循环中循环了 5 次，整个内层循环和 printf("\n")一起被外层 for 语句循环控制了 5 次，共为 25 次，所以“ * ”共输出了 25 次，换行了 5 次。

内层 for 循环和外层 for 循环可以协同工作，以便实现更为复杂的程序功能。

【例 4.10】 编程实现输出如下形状的字符图形。

```
*
* *
* * *
* * * *
* * * * *
```

分析：

可以使用外层循环，控制输出 5 行。内层循环的规律是：

第一行输出 1 个；

第二行输出 2 个；

……

第五行输出 5 个。

也就是：

第一行输出 1 个“ * ”；

第二行重复输出 2 个“ * ”；

……

第五行重复输出 5 个“ * ”。

那么，内层循环如果写为：

```
for(j= 1; j< = 5; j+ + )
```

将会每行都输出 5 个 * 。

如果希望每行输出的是变化的量，且这个变化的量是从 1，2，3，…，5 的，那么正好可以借助外层循环变量 i。可以将内层循环变量写成：

```
for(j= 1 ; j< = i; j+ + )
```

用 i 替代原来的 5。

例 4.10 的完整程序如下：

```
# include< stdio.h>
void main()
{
    int i,j;
    for(i= 1 ; i< = 5; i+ + )
    {
      for(j= 1 ; j< = i; j+ + )
        printf("* ");
```

```
        printf("\n");
    }
}
```

【例 4.11】 编程实现输出如下形状的字符图形。

```
*
* * *
* * * * *
* * * * * * *
* * * * * * * * *
```

继续寻找规律，同样可以利用外层循环变量 i。

外层循环 i 控制了循环的行数。

每一行应能依次输出：

1 个"＊"；

3 个"＊"；

……

9 个"＊"。

如何由已知的 i 将每一行输出的个数进行动态控制呢？

i 的值每次循环时依次变化为 1、2、3、4、5，"＊"的个数则在每次循环时，依次变化为 1、3、5、7、9。

通过数学公式：

$$2*i-1$$

即可实现，每次由 i 的值得到"＊"的个数的值。

所以，内层 for 循环的循环条件可以写为：

$$j<=2*i-1$$

例 4.11 的完整代码为：

```
# include< stdio.h>
void main()
{
    int i,j;
    for(i= 1 ; i< = 5; i+ + )
    {
      for(j= 1 ; j< = 2* i- 1; j+ + )
        printf("* ");
      printf("\n");
    }
}
```

思考：

```
    *
   * * *
  * * * * *
* * * * * * *
* * * * * * * * *
```

如何利用循环的嵌套编程完成输出上述图形的功能呢？

4.5 break 与 continue 用于结束循环

4.5.1 用 break 语句提前终止循环

由前述可知，循环的次数可以通过循环变量及循环条件来控制。如果希望完成更为复杂的应用，如在循环执行的过程中，若某个附加条件满足，则不论循环条件是否满足，一律退出循环，则需要使用 break 语句。

【例 4.12】 依次输出 1,2,3,…,100 的值，一旦遇到 20，则 20 后续的值（含 20）不再输出。用 for 语句实现循环结构，使用 break 退出循环。

完整代码如下。

```
# include< stdio.h>
void main()
{
    int x;
    for( x= 1;x< = 100;x+ + )
    {
      if (x= = 20) break;
      printf("% d ",x);
    }
}
```

运行结果如下：

```
1 2 3 4 5 6 7 8 9 10 11 12 13 14 15 16 17 18 19 Press any key to continue_
```

当 x 的值为 20 时，if 语句的关系表达式成立，执行 break 语句，退出 for 循环。也就是，本次循环后续的语句（输出 20）不会执行，且后续的 x++/x <=100 也不会执行；for 循环本应执行 100 次循环体，但因为 break 语句执行，后续的 80 次均不会被执行了。

同样，break 也可以应用于 while 循环中，如例 4.13 所示。

【例 4.13】 依次输出 1,2,3,…,100 的值，一旦遇到 20，则 20 后续的值（含 20）不再输出。用 while 语句实现循环结构，使用 break 退出循环。

完整代码如下。

```
# include< stdio.h>
void main()
{
    int x= 1;
    while(x< = 100)
    {
      if (x= = 20) break;
      printf("% d ",x);
      x+ + ;
    }
}
```

for 循环中使用 break 语句,将会实现跳出循环的功能。下面来看例 4.14 这个例子。

【例 4.14】 依次输入整数值,每当输入完一个整数,计算已输入数的总和,一旦总和大于等于 99,则停止输入后续的整数。最多输入 10 个整数。

分析:

这是一个典型的使用 break 语句的示例。

循环次数最多为 10 次,一旦输入的整数之和大于等于 99,则需要使用 break 语句退出循环。

例 4.14 的程序代码如下:

```
# include< stdio.h>
void main()
{
    int i;
    int number;
    int counter= 1;
    int total= 0;
    for(i= 0;i< 10;i+ + )
    {
      printf("请输入第% d个整数:",counter);
      scanf("% d",&number);
      total= total+ number;
      if (total> = 99)
      {
        printf("总共% d个数的和超过了 99,总和为:% d\n",counter,total);
        break;
      }
      counter+ + ;
    }
}
```

其中，设计 counter 变量作为计数器。

运行结果如下：

```
请输入第1个整数: 10
请输入第2个整数: 20
请输入第3个整数: 30
请输入第4个整数: 40
总共4个数的和超过了99, 总和为:100
Press any key to continue
```

如果采用随机数，而不使用键盘人工输入数字，则先来看看如何生成随机数。

```
# include< stdio.h>
# include< conio.h>
# include< time.h>
void main()
{
    int i;
    srand( (unsigned)time( NULL ) );
    for(j= 0;j< 100;j+ + )
    {
      i= rand()% 100;
      printf("% d ",i);
    }
}
```

运行结果如下：

```
19 36 66 45 52 44 26 11 78 55 50 21 75 78 37 78 44 46 12 96 66 29 49 99 28 78 82
 97 63 88 88 53 32 93 57 10 0 43 75 33 78 48 22 21 28 10 99 19 55 85 70 95 13 32
 93 54 3 61 42 32 16 45 39 99 91 43 80 8 20 40 65 70 86 99 57 97 67 10 42 29 89
81 13 63 3 73 64 67 71 43 54 70 82 14 55 86 61 83 76 44 Press any key to continu
e
```

编程实现：随机数之间进行相加，随机数可以为 0 和 99 之间的任意整数。当相加的和大于等于 99 时，输出整数之和及随机数的个数。生成的随机数的个数最多为 10 个。

```
# include< stdio.h>
# include< conio.h>
# include< time.h>
void main()
{
    int i;
    int number;
    int counter= 0;
    int total= 0;
    srand( (unsigned)time( NULL ) );
    for(i= 0;i< 10;i+ + )
```

```
    {
      number= rand()% 100;
      total= total+ number;
      counter+ + ;
      printf("% d ",number);
      if (total> = 99)
      {
        printf("总共% d个数的和超过了 99,总和为:% d ",counter,total);
        break;
      }
    }
}
```

某次执行结果为：

```
92 53 总共2个数的和超过了99，总和为:145
Press any key to continue
```

再次运行后的结果为：

```
52 36 50 总共3个数的和超过了99，总和为:138
Press any key to continue
```

4.5.2 用 continue 语句提前结束本次循环

break 语句可以用来从循环体内跳出循环体，即提前结束循环。有时并不希望终止整个循环的操作，而只希望提前结束本次循环，而接着执行下次循环。这时可以用 continue 语句，也就是在例 4.12 中如果仅仅希望 20 不被输出，其他后续 80 次循环体仍然会继续执行，则需要使用 continue 语句。

```
# include< stdio.h>
void main()
{
  int x;
  for( x= 1;x< = 100;x+ + )
  {
    if (x= = 20) continue;
    printf("% d ",x);
  }
}
```

运行结果如下：

```
1 2 3 4 5 6 7 8 9 10 11 12 13 14 15 16 17 18 19 21 22 23 24 25 26 27 28 29 30 31
 32 33 34 35 36 37 38 39 40 41 42 43 44 45 46 47 48 49 50 51 52 53 54 55 56 57 5
8 59 60 61 62 63 64 65 66 67 68 69 70 71 72 73 74 75 76 77 78 79 80 81 82 83 84
85 86 87 88 89 90 91 92 93 94 95 96 97 98 99 100 Press any key to continue
```

再来看一个 continue 语句的应用示例：

【例 4.15】 求 1～10 中各奇数的和。

分析：

从 1 遍历到 10，要依次判断是否是奇数：如是，则加入总和中；否则不参与相加运算。

也就是：无论怎样，都会循环 10 次，只是循环体中的语句是否会全部执行；每一次循环会执行循环体中的语句。continue 所起的作用就是提前结束当次循环，而不是整个循环（整个循环包括 10 次）。

```
# include< stdio.h>
void main()
{
    int i;
    int total= 0;
    for(i= 1;i< = 10;i+ + )
    {
      if (i% 2= = 0) continue;
      total= total+ i;
    }
    printf("总和为:% d\n",total);
}
```

运行结果如下：

```
总和为:25
Press any key to continue
```

4.6 循环结构编程实例

通过下述示例了解循环结构的基本应用。

【例 4.16】 判断一个数是否为素数。

假设为此数设计的变量是 m。那么只要 m 不能被 2～m－1 的任何整数整除，就是素数。

```
# include< stdio.h>
# include< math.h>
void main()
{
    int m,i,k;
    scanf("% d",&m);
    k= sqrt(m);
    for(i= 2;i< = k;i+ + )
```

```
        if (m% i= = 0)
          break;
      if(i> = k+ 1)
        printf("% d is a prime number\n",m);
      else
        printf("% d is not a prime number\n",m);
  }
```

在此程序中,可看到,for 循环每次得到的循环变量并没有从 2 到 m－1 进行遍历;因为实际需要遍历的数从 2 到 m/2 即可,或者更进一步,只用在 2～$\sqrt{m}$进行遍历即可。

当 i 大于等于 k＋1 的时候,上述 break 语句未得以执行,也就是该数没能被 2～k 的任何一个整数整除过,所以输出是素数。

【例 4.17】 求 100 至 200 之间的全部素数。

对于一个特定的数,可以通过上例得以明确是否是素数,并且输出。如果要判断 100～200 的 101 个数,则需要将这 101 个数进行遍历,遍历的过程就是上例的判断是否是素数的代码部分;此处要使用循环的嵌套。

例 4.17 的具体编码如下:

```
  # include< stdio.h>
  # include< math.h>
  void main()
  {
      int  m,i,k,n= 0;
      for(m= 101;m< = 200;m= m+ 2)
      {
        k= sqrt(m);
        for(i= 2;i< = k;i+ + )
        if(m% i= = 0)
          break;
        if(i> = k+ 1)
        {
          printf("% d",m);
            n= n+ 1;}
          if(n% n= = 0)printf("\n");
        }
        printf("\n");
  }
```

可以看到,外层 for 循环的循环体中包括的程序代码逻辑和例 4.16 几乎一致。

本章作业

一、选择题

(1)C语言中下列叙述正确的是(　　)。

A. 不能使用do-while语句构成循环

B. do-while语句构成的循环,必须用break语句才能退出

C. do-while语句构成的循环,当while语句中的表达式值为非零时结束循环

D. do-while语句构成的循环,当while语句中的表达式值为零时结束循环

(2)有如下程序:

```
# include< math.h>
void main()
{
    int n= 9;
    while(n> 6)
      {
        n- - ;
        printf("% d",n);
      }
}
```

该程序的输出结果是(　　)。

A. 987　　B. 876　　C. 8765　　D. 9876

(3)t为int类型,进入下面的循环之前,t的值为0。

```
while(t= 1) {……}
```

则以下叙述中正确的是(　　)。

A. 循环控制表达式的值为0　　B. 循环控制表达式的值为1

C. 循环控制表达式不合法　　D. 以上说法都不对

(4)以下程序的输出结果是(　　)。

```
# include< math.h>
void main()
{
    int a,b;
    for(a= 1,b= 1;a< = 100;a+ + )
    {
      if(b> = 10) break;
      if(b% 3= = 1)
      {
        b+ = 3;
```

```
            continue;
          }
        }
      printf("% d\n",a);
    }
```

A. 101　　B. 6　　C. 5　　D. 4

(5)有以下程序：

```
# include< math.h>
void main()
{         int i,s= 0;
      for(i= 1;i< 10;i+ = 2)
        s+ = i+ 1;
        printf("% d\n",s);
}
```

该程序的输出结果是(　　)。

A. 自然数1～9的累加和　　B. 自然数1～10的累加和

C. 自然数1～9中奇数之和　　D. 自然数1～10中偶数之和

二、思考题

(1)while语句、do-while语句和for语句的异同。

(2)仔细阅读下面的程序，指出程序的运行结果，并思考：当将语句"for(i=0;++i;i<5)"改为"for(i=0;i<5;++i)"时，运行结果将如何？

```
# include< stdio.h>
void main()
{
    int i;
    for(i= 0;+ + i;i< 5)
    {
      if(i= = 3)
      {
        printf("% d\n",+ + i);
        break;
        }
      printf("% d\n",+ + i);
    }
}
```

(3)仔细阅读程序，指出运行结果并思考：在for循环中嵌套着do-while循环，那么do-while循环中对i的修改会对for循环产生影响吗？

```
# include< stdio.h>
void main()
```

```
{
    int i, a= 0;
    for(i= 1;i< = 5;i+ + )
      {
      do
      {
        i+ + ;
        a+ + ;
      }
      while(i< 3);
    }
    i+ + ;
    printf("a= % d,i= % d",a,i);
  }
```

(4)下列程序完成的功能为：用 1000 个单词“computer”填充屏幕，每行 60 个。

```
# include< stdio.h>
  void main()
{
    int i;
    for(i= 1;i< = 1000;i+ + )
    {
      printf("computer.");
      if(i% 60= = 0)printf("\n");
    }
}
```

思考：在 for 循环中，“if(i%60==0)printf(“\n”);”语句的作用是什么？没有此语句将会是什么状况？

(5)下列代码用来求解问题：输入一行字符(以 $ 结束)，统计其中的数字字符、空格字符出现的次数。

```
# include< stdio.h>
void main()
{
    char c;
    int d= 0,s= 0;
    printf("请输入字符(当输入$ 时结束):");
    while ((c= getchar())! ='$')
    {
      if(c> ='0'&&c< ='9')s+ + ;
      if(c= ='') d+ +  ;
```

```
    }
        printf("数字字符出现的次数为% d\n",s);
        printf("空格字符出现的次数为% d\n",d);
    }
```

若输入字符 12 345 abcd 678 xyz $，则运行结果为：

```
数字字符出现的次数为 8
空格字符出现的次数为 4
```

思考：此题中的循环次数是如何控制的？有何特点？

(6)下列代码用来求解问题：1000 以内的奇数之和及偶数之和。

```
# include< stdio.h>
void main()
{
    long n= 0,m= 0;
     int i;
    for(i= 1;i< 1000;i+ + )
    {
      if(i% 2= = 0) n= n+ i;
      else m= m+ i;
    }
    printf("奇数之和为% ld\n",m);
    printf("偶数之和为% ld\n",n);
}
```

运行结果：

```
奇数之和为 250000
偶数之和为 249500
```

思考：在此题中为何选用 for 循环进行控制？用 while 循环或 do-while 循环是否也可以？

三、编程题

(1)输出下列图案：

```
*
* * *
* * * * *
* * *
*
```

(2)一个数如果恰好等于它的因子之和，这个数就称为完数。求 1000 之内的所有完数。

(3)输入两个正整数 m 和 n，求其最大公约数和最小公倍数。

(4)一球从 100 米高度自由落下，每次落地后反跳回原高度的一半，再落下。求它在第 10 次落地时，共经过多少米？第 10 次反弹多高？

(5)猴子吃桃问题：猴子第一天摘下若干个桃子，当即吃了一半，还不过瘾，又多吃了一个，第二天早上又将剩下的桃子吃掉一半，又多吃了一个。以后每天早上都吃了前一天剩下的一半零一个。到第 10 天早上想再吃时，见只剩下一个桃子了。求第一天共摘了多少个？

第5章 数组

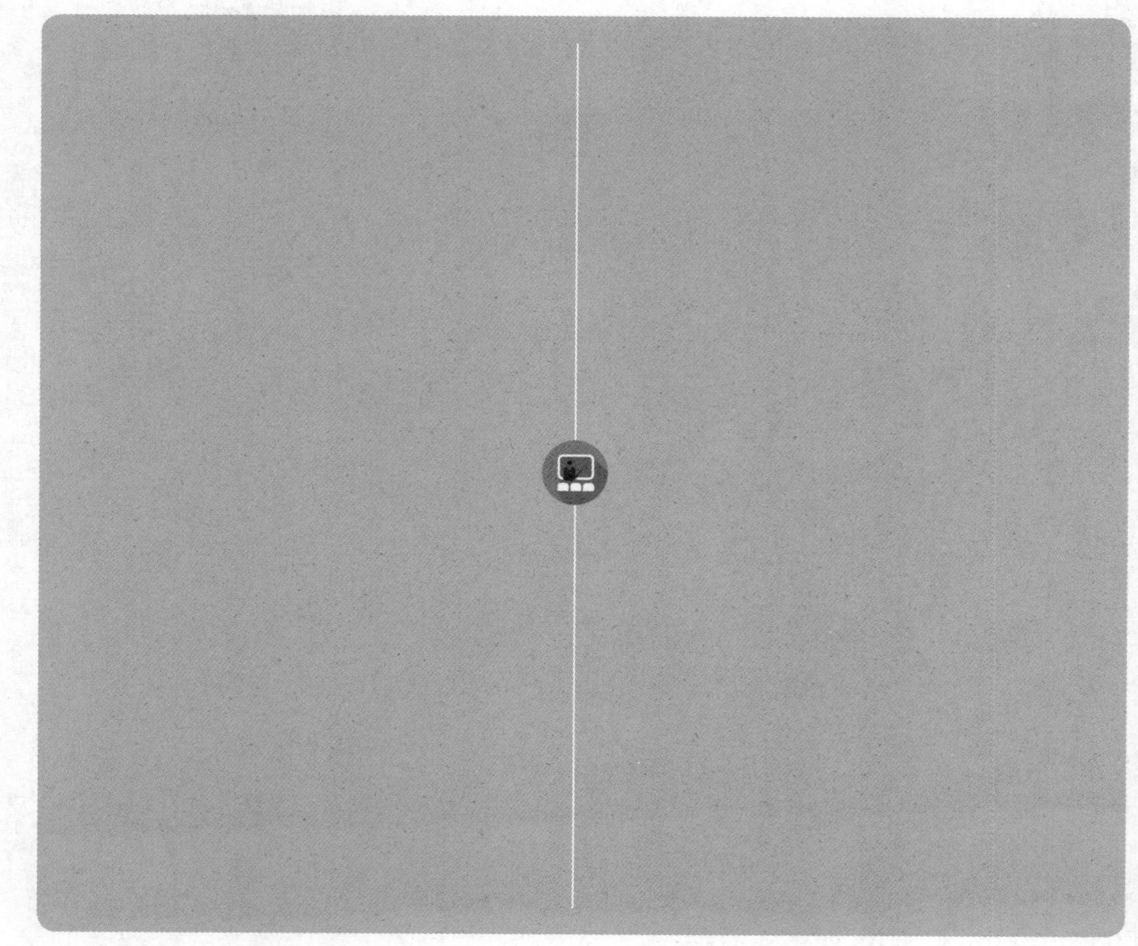

首先看一个问题:若从键盘上输入10个数,要求将这10个数在屏幕上输出。根据前面已经学过的知识,要解决该问题,需要定义10个变量来存放键盘送入的数;但是如果使用数组,则可以既方便又简单地解决该问题。

那么什么是数组呢?在C语言中,把具有相同数据类型的若干变量按有序的形式组织起来的集合称为数组。一个数组可以分解为多个数组元素,这些数组元素可以是基本数据类型或构造类型。因此,按数组元素的类型不同,数组又可分为数值数组、字符数组、指针数组等。在后期的学习中,我们还将学习到数组被用来构造树、表等其他的数据结构。本章主要介绍数值数组和字符数组。

数组在C程序中是以怎样的语法形式存在的呢?阅读下列程序段,初探数组的存在和使用形式。

程序段:

```
int i;
int a[10];
for (i= 0;i< 10;i+ + )
    scanf("% d",&a[i]);
printf("These datas are:\n");
for (i= 0;i< 10;i+ + )
    printf("% d",a[i]);
```

其中"a"即是一个数组,数组中可以存放10个数,可以通过输入语句和输出语句对数组进行写入数据和读取数据的操作。

5.1 一维数组的定义和引用

5.1.1 一维数组的定义

一维数组的定义方式为:

类型说明符 数组名[常量表达式];

其中:类型说明符是任一种基本数据类型或构造数据类型;数组名的命名规则同变量名的命名;方括号中的常量表达式表示数据元素的个数,也称为数组的长度。同基本类型的变量一样,数组必须先定义后使用。

例如:

int a[10]; 说明整型数组a中有10个int类型的元素。

float b[50],c[20]; 说明实型数组b中有50个float类型的元素,实型数组c中有20个float类型的元素。

char name[20]; 说明字符数组name中有20个char类型的元素。

数组应注意以下几点:

(1)数组的类型实际上是指数组中元素的取值类型。对于同一个数组,其所包含元素的数据类型均相同。

(2)数组名不能与其他变量同名,数组名代表数组中首元素的地址。

(3)数组不允许动态定义大小。在定义数组时,方括号中一般用常量表达式表示数组元素的个数,而不允许使用变量或变量表达式。如 a[5]表示数组 a 中有 5 个元素。方括号中还可以是符号常数或常量表达式。

例如:int a[3+2],b[7 * 3];代码段定义正确;但是 int n=5;int a[n];代码段编译却会报错。

注意:C 语言允许在同一个类型说明中,一次说明多个数组和多个变量。例如:

```
int a,b,c,d,k1[10],k2[20];
```

5.1.2 一维数组元素的引用

数组元素是组成数组的基本单元。数组元素通常也称为下标变量。必须先定义数组,才能使用下标变量。在 C 语言中只能逐个地使用下标变量,而不能一次引用整个数组。数组元素也是一种变量,其标识方法为数组名后跟[ ],[ ]里接下标,该下标表示了元素在数组中的顺序号,下标从 0 开始计数。

数组元素的一般形式为:

数组名[下标]

其中下标可为整型常量或整型的变量表达式。

例如:i 和 j 都正确地定义为整型变量,则 a[5],a[i+j]都是合法的数组元素。

小技巧:C 语言中不能一次引用整个数组,但是却可以利用循环完成对整个数组的引用。

例如,输出有 10 个元素的数组。可利用循环语句,用下标引用数组中的各变量进行输出:

```
for(i= 0; i< 8; i+ + )
    printf("% d",a[i]);
```

而不能用一个语句输出整个数组。下面的写法是错误的:

```
printf("% d",a);
```

【例 5.1】 从键盘中输入 10 个元素,找出其中最大的元素。

```
# include< stdio.h>
void main()
{
    int i,max,a[10];
    printf("input 10 numbers:\n");
    for(i= 0;i< 10;i+ + )
        scanf("% d",&a[i]);
    max= a[0];
    for(i= 1;i< 10;i+ + )
        if(a[i]> max) max= a[i];
    printf("maxmum= % d\n",max);
```

```
    return 0;
}
```

运行结果如下：

```
input 10 numbers:
4 8 11 20 9 3 6 1 15 13
maxmum=20
Press any key to continue
```

本例程序分为三个步骤。第一步：在第一个 for 语句中，循环变量 i 从 0 变化到 9，由 scanf 函数接收相应的值。这里 scanf 函数不能一次接收整个数组的值，如写成 scanf("%d",&a)是错误的，若要对数组中所有的元素赋值，可通过循环语句依次执行。第二步：假设 a[0]是最大值，通过赋值语句将 a[0]送入变量 max 中。第三步：在第二个 for 语句中，通过 if 语句，将 a[1]到 a[9]中的值逐个与 max 中的值比较，若其值比 max 值大，则把该数组元素送入 max 中，因此 max 总是已比较过的数组元素中的最大者。最后输出 max 的值。

5.1.3 一维数组的初始化

给数组中各元素赋值有很多方法，除了用赋值语句对数组元素逐个赋值外，还可采用初始化赋值和动态赋值的方法。

数组初始化赋值是指在数组定义的同时对数组元素赋予初值。数组初始化是在编译阶段进行的，这样可减少运行时间，提高效率。

初始化赋值的一般形式为：

类型说明符 数组名[元素个数]={元素值表列}；

其中在{ }中的各数据值即为各元素的初值，各值之间用逗号间隔。

例如：

```
    float a[3]= {1.6,3.8,9.5}; //相当于 a[0]= 1.6;a[1]= 3.8;a[2]= 9.5;
```

对数组的初始化赋值还有以下几点规定：

(1)元素值表列，可以是数组中所有元素的初值，也可以是前面部分元素的初值。例如：int a[10]={0,1,2,3,4}；表示只给 a[0]至 a[4]的 5 个元素赋值，后 5 个元素未说明，但是系统设定当数组为整型时，数组在初始化中未明确设定初值的元素，其值自动赋 0 值。

(2)只能给元素逐个赋值，不能给数组整体赋值。

例如给 10 个元素全部赋 1 值，只能写为“int a[10]={1,1,1,1,1,1,1,1,1,1}；”，而不能写为“ int a[10]=1；”。

(3)给全部元素赋值，可以省略数组元素的个数。例如“int a[5]={1,2,3,4,5}；”可写为“int a[]={1,2,3,4,5}；”。

5.1.4 一维数组程序举例

可以在程序执行过程中，对数组做动态赋值。这时可用循环语句配合 scanf 函数逐个对数组元素赋值。

【例 5.2】 输入 5 个整数，将它们存入数组 a 中，再从键盘输入一个未知数 x，在数组中查找 x，如果找到，输出相应的下标，否则，输出“Not Number”。

```
# include< stdio.h>
void main()
{
    int i, flag, x;
    int a[5];
    printf("Enter 5 integers: ");
    for(i = 0; i < 5; i+ + )
        scanf("% d", &a[i]);
    printf("Enter x: ");
    scanf("% d", &x);
    flag = 0;
    for(i = 0; i < 5; i+ + )
        if(a[i] = = x)
        {
            printf("Index is % d\n", i);
            flag = 1;
            break;
        }
    if(flag = = 0)
        printf("Not Number\n");
    return 0;
}
```

运行结果如下：

```
Enter 5 integers: 2 9 8 1 9
Enter x: 9
Index is 1
Press any key to continue
```

或

```
Enter 5 integers: 2 9 8 1 9
Enter x: 7
Not Number
Press any key to continue
```

本例程序中先假设 x 不在数组 a 中，置 flag 初值为 0，在第二个 for 循环中，通过 if 语句，不断地寻找与 x 值相等的数组元素。一旦发现相等，输出相应的下标，并将 flag 置为 1，遇到 break 语句跳出循环，程序结束。若在第二个 for 循环中一直未发现与 x 值相等的元素，则 flag 等于初值 0 不变，说明 x 不在数组 a 中。

【例 5.3】 求 100 以内的素数。

```
# include < stdio.h>
# include < math.h>
void main()
{
```

```
    int i,j,n,a[101];
    for (i= 1;i< = 100;i+ + )
        a[i]= i;
    a[1]= 0;
    for (i= 2;i< sqrt(100);i+ + )
      for (j= i+ 1;j< = 100;j+ + )
        {
          if(a[i]! = 0 && a[j]! = 0)
            if (a[j]% a[i]= = 0)
              a[j]= 0;
        }
    printf("\n");
    for (i= 2,n= 0;i< = 100;i+ + )
    {
      if(a[i]! = 0)
      {
        printf("% 5d",a[i]);
        n+ + ;
      }
      if(n= = 10)
      {
        printf("\n");
        n= 0;
      }
    }
  printf("\n");
  return 0;
}
```

运行结果为：

```
    2    3    5    7   11   13   17   19   23   29
   31   37   41   43   47   53   59   61   67   71
   73   79   83   89   97
Press any key to continue
```

5.2 二维数组的定义和引用

5.2.1 二维数组的定义

前面介绍的数组只有一个下标，称为一维数组，其数组元素也称为单下标变量。在实际问题中有很多是二维的或多维的，因此 C 语言允许构造多维数组。多维数组元素有多个下标,以标识它在数组中的位置,所以也称为多下标变量。本节只介绍二维数组,多维数组可由二维数组类推而得到。

二维数组定义的一般形式是:

类型说明符 数组名[常量表达式 1][常量表达式 2]

其中常量表达式 1 表示第一维下标的长度,常量表达式 2 表示第二维下标的长度。例如:

```
int a[3][4];
```

定义了一个三行四列的数组,数组名为 a,其下标变量的类型为整型。该数组的下标变量共有 3×4 个,即

a[0][0],a[0][1],a[0][2],a[0][3]

a[1][0],a[1][1],a[1][2],a[1][3]

a[2][0],a[2][1],a[2][2],a[2][3]

二维数组在概念上是二维的,可理解为其下标在行、列两个方向上变化,下标元素在数组中的位置也可理解成平面中的点,而不是像一维数组只是一个向量。但是,实际的硬件存储器却是连续编址的,也就是说,存储器单元是按一维线性排列的。如何在一维存储器中存放二维数组,可有两种方式:一种是按行排列, 即放完一行之后顺次放入第二行;另一种是按列排列,即放完一列之后再顺次放入第二列。需要注意的是:在 C 语言中,二维数组是按行排列的。

上例先存放 a[0]行,再存放 a[1]行,最后存放 a[2]行。每行中的多个元素也是依次存放的。由于数组 a 在定义时为 int 类型,该类型占 4 个字节的内存空间,所以每个元素均占有 4 个字节。

5.2.2 二维数组元素的引用

二维数组的元素也称为双下标变量,其表示的形式为:

数组名[下标][下标]

其中下标应为整型常量或整型表达式,同一维数组,下标不允许为变量或变量表达式。

例如:a[3][4]表示数组 a 里包含三行四列共 12 个元素。

下标变量在二维数组的引用和定义中的有些相似,但这两者具有完全不同的含义。定义数组时,方括号中给出的是某一维的长度,即可取下标的“最大值－1”;而引用数组元素时,下标是该元素在数组中的位置标识。前者只能是常量,后者可以是常量、变量。

【例 5.4】 定义 1 个 3×2 的二维数组 a,数组元素的值由下式给出,按矩阵的形式输出 a。

$$a[i][j] = i + j(0\leqslant i\leqslant 2,0\leqslant j\leqslant 1)$$

```
# include < stdio.h>
void main()
{
```

```
    int i, j;
    int a[3][2];
  for(i = 0; i < 3; i++)
      for(j = 0; j < 2; j++)
          a[i][j] = i + j;
  for(i = 0; i < 3; i++)
  {
      for(j = 0; j < 2; j++)
        printf("%4d", a[i][j]);
      printf("\n");
  }
  return 0;
}
```

运行结果如下：

```
  0   1
  1   2
  2   3
Press any key to continue
```

程序中 i,j 分别表示数组的行标和列标，通过二重循环分别给数组元素赋值共 6 次，执行赋值顺序时 i,j 的值分别是：

i = 0　j = 0　a[i][j] 表示 a[0][0]

i = 0　j = 1　a[i][j] 表示 a[0][1]

i = 1　j = 0　a[i][j] 表示 a[1][0]

i = 1　j = 1　a[i][j] 表示 a[1][1]

i = 2　j = 0　a[i][j] 表示 a[2][0]

i = 2　j = 1　a[i][j] 表示 a[2][1]

按矩阵形式输出数组 a，通常用外循环控制行，用内循环控制列。第一个 for 循环嵌套语句，用于给数组 a 中的各个元素赋值。第二个 for 循环嵌套语句，用于输出数组 a 中的各个元素，其中“printf("\n");”作为外层循环的子句，控制换行的时机。

5.2.3 二维数组的初始化

二维数组初始化就是定义数组的同时对数组中的元素赋予初值。二维数组可按行分段赋值，也可按行连续赋值。

例如对数组 a[5][3]，按行分段赋值可写为：

int a[5][3]={{80,75,92},{61,65,71},{59,63,70},{85,87,90},{76,77,85}};

按行连续赋值可写为：

int a[5][3]={80,75,92,61,65,71,59,63,70,85,87,90,76,77,85};

这两种赋初值的结果是完全相同的。

【例 5.5】 一个学习小组有五个人，每个人有三门课的考试成绩。求全组分科的平均成绩和各科总平均成绩。

	张	王	李	赵	周
Math	80	61	59	85	76
C	75	65	63	87	77
FoxPro	92	71	70	90	85

可设一个二维数组 a[5][3]存放五个人三门课的成绩。再设一个一维数组 v[3]存放所求得各分科平均成绩,设变量 average 为全组各科总平均成绩。

源程序如下:

```
# include < stdio.h>
void main()
{
    int i,j,s= 0,v[3];
    float average;
    int a[5][3]= {{80,75,92},{61,65,71},{59,63,70},{85,87,90},{76,77,85}};
    for(i= 0;i< 3;i+ + )
        { for(j= 0;j< 5;j+ + )
        s= s+ a[j][i];
        v[i]= s/5;
        s= 0;
    }
average= (v[0]+ v[1]+ v[2])/3.0;
  printf("math:% d\nc languag:% d\ndFoxpro:% d\n",v[0],v[1],v[2]);
  printf("total:% d\n", average);
return 0;
}
```

运行结果为:

```
math:72
c languag:73
dFoxpro:81
total:75
Press any key to continue
```

分析:

该程序用了一个双重循环。在内循环中依次读入某一门课程的各个学生的成绩,并把这些成绩累加起来,退出内循环后再把该累加成绩除以 5 送入 v[i]之中,这就是该门课的平均成绩。外循环共循环三次,分别求出三门课各自的平均成绩并存放在 v 数组之中。退出外循环之后,把 v[0],v[1],v[2]相加除以 3 即得到各科总平均成绩。最后按题意输出各个成绩。

对于二维数组初始化赋值还有以下说明:

(1)可以只对部分元素赋初值,未赋初值的元素自动取0值。例如:

int a[3][3]={{1},{2},{3}};

是对每一行的第一列元素赋值,未赋值的元素取0值。赋值后各元素的值为:

1 0 0

2 0 0

3 0 0

int a [3][3]={{0,1},{0,0,2},{3}};

赋值后的元素值为:

0 1 0

0 0 2

3 0 0

(2)如对全部元素赋初值,则第一维的长度可以不给出。例如:

int a[3][3]={1,2,3,4,5,6,7,8,9};

可以写为

int a[][3]={1,2,3,4,5,6,7,8,9};

(3)数组是一种构造类型的数据。二维数组可以看作是由一维数组的嵌套而构成的。设一维数组的每个元素又都是一个数组,就组成了二维数组。当然,前提是各元素类型必须相同。根据这样的分析,一个二维数组也可以分解为多个一维数组。C语言允许这种分解。

如二维数组 a[3][4],可分解为三个一维数组,其数组名分别为:

a[0]　a[1]　a[2]

对这三个一维数组不需另作说明即可使用。这三个一维数组都有4个元素,例如一维数组 a[0]的元素为 a[0][0],a[0][1],a[0][2],a[0][3]。

必须强调的是:a[0],a[1],a[2]不能当作下标变量使用,它们是数组名,可理解为地址,但不是单纯的下标变量。

5.2.4　二维数组程序举例

【例5.6】 求下面行列式中所有元素的和。

$$\begin{vmatrix} 1 & 2 & 3 \\ 4 & 5 & 6 \\ 7 & 8 & 9 \end{vmatrix}$$

分析:

可利用二维数组初始化完成矩阵的赋值,利用 for 循环嵌套遍历数组中各个元素,并求和。

源码如下:

```
# include< stdio.h>
int main()
{
    int a[3][3]= {1,2,3,4,5,6,7,8,9},sum= 0;
    int i,j;
    for(i= 0;i< 3;i+ + )
      for(j= 0;j< 3;j+ + )
      {
        sum + =  a[i][j];
      }
    printf("sum is % d\n",sum);
    return 0;
}
```

运行结果为：

```
sum is 45
Press any key to continue
```

思考：若采用键盘输入的方式对矩阵中各元素赋值，应如何修改代码？

【例 5.7】 给出某年某月某日，将其转换成这一年的第几天输出。

源程序如下：

```
# include < stdio.h>
int day_of_year(int year, int month, int day);
int main(void)
{
    int year, month, day;
    printf("Input year, month, day:");
    scanf("% d% d% d", &year,&month, &day);
    printf("day= % d\n", day_of_year(year, month, day));
    return 0;
}
/* 计算某个日期对应该年的第几天 * /
int day_of_year(int year, int month, int day)
{
  int k, leap;
    int tab[2][13] =  {     /*  数组初始化,将每月的天数赋给数组 * /
        {0, 31, 28, 31, 30, 31, 30, 31, 31, 30, 31, 30, 31},
        {0, 31, 29, 31, 30, 31, 30, 31, 31, 30, 31, 30, 31}
};
    /* 判断 year 是否为闰年,当 year 是闰年时,leap= 1;当 year 是非闰年时,leap= 0 * /
    leap =  (year %  4 = =  0 && year% 100! = 0 || year% 400= = 0);
```

```
        /* 计算天数 * /
        for(k =  1; k <  month; k+ + )
           day =  day +  tab[leap][k];
        return day;
    }
```

运行结果为：

```
Input year, month, day:2013 7 1
day=182
Press any key to continue
```

分析：

自定义一个函数 int day_of_year(int year，int month，int day)，计算并返回年 year、月 month 和日 day 对应的是该年的第几天。

day_of_year(2000，3，1)返回 61

day_of_year(1981，3，1) 返回 60

月	0	1	2	3 …… 11	12
平年	0	31	28	31……30	31
闰年	0	31	29	31……30	31

该程序的关键在于设置一张每月天数表，给出每月的天数。考虑到平年或闰年的情况，可设置一个 2 行 13 列的二维数组，其中第一行对应的每列元素是平年各月的天数，第二行对应的是闰年每月的天数，二维数组表示为 int tab[2][13]。

5.3 字符数组

如果数组中所有元素均是字符型数据，则该数组为字符数组。通常在处理实际问题如用户名时会使用字符数组，这是因为 C 语言中并没有字符串这种数据类型，所以在处理字符串数据时往往需要使用字符数组。

5.3.1 字符数组的定义

字符数组的定义同样遵循上节中数组的规定。例如：

char c[10]；

每个数组元素是占 1 个字节的内存单元。

字符数组也可以是二维或多维数组。例如：char c[5][10]；即为二维字符数组。

5.3.2 字符数组的初始化

字符数组也允许在定义时做初始化赋值。例如：

char c[10]={'c',' ','p','r','o','g','r','a','m'}；

赋值后各元素的值为：数组 c 中 c[0]的值为'c'，c[1]的值为' '，c[2]的值为'p'，c[3]的值为'r'，c[4]的值为'o'，c[5]的值为'g'，c[6]的值为'r'，c[7]的值为'a'，c[8]的值为

'm'。

其中 c[9]未赋值,其被自动赋予'\0'值。

当对全体元素赋初值时也可以省去长度,此时由系统自动获取长度。

例如:char c[]={'c','','p','r','o','g','r','a','m'};这时数组的长度自动定为 9。

5.3.3 字符数组的引用

【例 5.8】 输入一个以回车结束的字符串(少于 10 个字符),它由数字字符组成,将该字符串转换成整数后输出。

```
# include < stdio.h>
int main(void)
{
    int i, n;
    char s[10];  /* 输入字符串 * /
    printf("Enter a string: ");  /* 输入提示 * /
    i = 0;
    while((s[i] = getchar()) ! = '\n')
        i+ + ;
    s[i] = '\0';  /* 将字符串转换为整数 * /
    n = 0;
    for(i = 0; s[i] ! = '\0'; i+ + )
        if(s[i] < = '9' && s[i] > = '0')
            n = n * 10 + (s[i] - '0');
        else       /* 遇非数字字符结束转换 * /
            break;
    printf("digit = % d\n", n);
    return 0;
}
```

运行结果为:

```
Enter a string: 123456789
digit = 123456789
Press any key to continue
```

5.3.4 字符串和字符串结束标志

字符串通常存在一个字符数组中。前面介绍字符串常量时,已说明字符串总是以'\0'作为串的结束符。因此,当把一个字符串存入一个数组时,也把结束符'\0'存入数组,并以此作为该字符串是否结束的标志。有了'\0'标志后,就不必再用字符数组的长度来判断字符串的长度了。数组长度 = 字符串的有效长度+1,即有效长度不包括'\0'。

C 语言允许用字符串的方式对数组做初始化赋值。例如:

char c[]={'C','','p','r','o','g','r','a','m'};

可写为：

char c[]={"C program"};

或去掉{}写为：

char c[]="C program";

用字符串方式赋值比用字符逐个赋值要多占一个字节，用于存放字符串结束标志'\0'。上面的数组 c 在内存中的实际存放情况为：

C		p	r	o	g	r	a	m	\0

'\0'是由 C 编译系统自动加上的。由于采用了'\0'标志，所以在用字符串赋初值时一般无须指定数组的长度，而由系统自行处理。

5.3.5 字符数组的输入输出

在采用字符串方式后，字符数组的输入输出将变得简单方便。

除了上述用字符串赋初值的办法外，还可用 printf 函数和 scanf 函数一次性输出输入一个字符数组中的字符串，而不必使用循环语句逐个地输入输出每个字符。

【例 5.9】

```
# include < stdio.h>
void main()
{
    char st[15];
    printf("input string:\n");
    scanf("% s",st);
    printf("% s\n",st);
    return 0;
}
```

本例中由于定义数组长度为 15，因此输入的字符串长度必须小于 15，以留出一个字节用于存放字符串结束标志'\0'。应该说明的是，对一个字符数组，如果不做初始化赋值，则必须说明数组长度。还应该特别注意的是，当用 scanf 函数输入字符串时，字符串中不能含有空格，否则将以空格作为串的结束符。

例如当输入的字符串中含有空格时，运行情况为：

```
input string:
this is a book
this
Press any key to continue
```

从输出结果可以看出，空格以后的字符都未能输出。为了避免这种情况，可多设几个字符数组分段存放含空格的串。

程序可改写如下：

【例 5.10】

```
# include < stdio.h>
void main()
{
  char st1[6],st2[6],st3[6],st4[6];
  printf("input string:\n");
  scanf("% s% s% s% s",st1,st2,st3,st4);
  printf("% s % s % s % s\n",st1,st2,st3,st4);
}
```

本程序设了四个数组，输入的一行字符的空格分段分别装入四个数组，然后分别输出这四个数组中的字符串。

在前面介绍过，scanf 的各输入项必须以地址方式出现，如 &a，&b 等。但在前例中却是以数组名方式出现的，这是为什么呢？这是因为在 C 语言中，数组名就代表了该数组的首地址。整个数组是以首地址开头的一块连续的内存单元。

如有字符数组 char c[10]，在内存中可表示如下。

c[0]	c[1]	c[2]	c[3]	c[4]	c[5]	c[6]	c[7]	c[8]	c[9]

设数组 c 的首地址为 2000，也就是说，c[0]单元地址为 2000，则数组名 c 就代表这个首地址。因此，在 c 前面不能再加地址运算符 &。如写作 scanf("%s",&c)；则是错误的。正确的应写为 printf("%s",c)，在执行时，函数按数组名 c 找到首地址，然后逐个输出数组中各个字符，直到遇到字符串终止标志'\0'为止。

【例 5.11】 输入一个以回车结束的字符串（少于 80 个字符），统计其中数字字符的个数。

```
# include < stdio.h>
void main()
{
    int count, i;
    char str[80];
    /* 输入字符串 * /
    printf("Enter a string: ");        /* 输入提示 * /
    i = 0;
    while((str[i] = getchar( )) ! = '\n')
        i+ + ;
    str[i] = '\0';
    /*  将结束符 '\0' 存入数组 * /
    /* 统计字符串中数字字符的个数 * /
    count = 0;
    for(i = 0; str[i] ! = '\0'; i+ + )    /* 循环条件:数组元素 str[i] 不等于 '\0' * /
```

```
        if(str[i] < = '9' && str[i] > = '0')
            count+ + ;
    printf("count =  % d\n", count);
    return 0;
}
```

程序中注意要设置循环条件:数组元素 str[i] 不等于'\0'。

运行结果为:

```
Enter a string: how are you 25 am 12
count = 4
Press any key to continue
```

5.3.6 字符串处理函数

C 语言提供了丰富的字符串处理函数,大致可分为字符串的输入、输出、合并、修改、比较、转换、复制、搜索几类。使用这些函数可大大减轻编程的负担。使用输入输出的字符串函数,在使用前应包含头文件“stdio. h”,使用其他字符串函数则应包含头文件“string. h”。

下面介绍几个常用的字符串函数。

1. 字符串输出函数 puts

格式:puts (字符数组名)。

功能:把字符数组中的字符串输出到显示器上,即在屏幕上显示该字符串。

【例 5.12】

```
# include< stdio.h>
int main()
{
  char c[]= "BASIC\ndBASE";
  puts(c);
  return 0;
}
```

运行结果为:

```
BASIC
dBASE
Press any key to continue
```

从程序中可以看出,puts 函数中可以使用转义字符,因此输出结果分成两行。puts 函数完全可以由 printf 函数取代。当需要按一定格式输出时,通常使用 printf 函数。

2. 字符串输入函数 gets

格式:gets(字符数组名)。

功能:从标准输入设备键盘上输入一个字符串。

【例 5.13】

```
# include< stdio.h>
int main()
{
```

```
    char st[15];
    printf("input string:\n");
    gets(st);
    puts(st);
    return 0;
}
```

运行结果为：

```
input string:
you are good
you are good
Press any key to continue
```

可以看出，当输入的字符串中含有空格时，输出仍为全部字符串。这说明 gets 函数并不以空格作为字符串输入结束的标志，而只以回车作为输入结束标志。这是与 scanf 函数不同的。

3. 字符串连接函数 strcat

格式：strcat (字符数组名 1,字符数组名 2)。

功能：把字符数组 2 中的字符串连接到字符数组 1 中字符串的后面，并删去字符串 1 后的串标志'\0'。本函数的返回值是字符数组 1 的首地址。

【例 5.14】

```
# include< stdio.h>
# include< string.h>
int main()
{
  static char st1[30]= "My name is ";
  int st2[10];
  printf("input your name:\n");
  gets(st2);
  strcat(st1,st2);
  puts(st1);
  return 0;
}
```

运行结果为：

```
input your name:
zhang ning
My name is zhang ning
Press any key to continue
```

本程序把初始化赋值的字符数组与动态赋值的字符串连接起来。要注意的是，字符数组 1 应定义足够的长度，否则不能全部装入被连接的字符串。

4. 字符串拷贝函数 strcpy

格式：strcpy (字符数组名 1,字符数组名 2)。

功能：把字符数组 2 中的字符串拷贝到字符数组 1 中。串结束标志'\0'也一同拷贝。字符数组名2也可以是一个字符串常量。这时相当于把一个字符串赋予一个字符数组。

【例5.15】

```
# include< stdio.h>
# include< string.h>
int main()
{
    char st1[15],st2[]= "C Language";
    strcpy(st1,st2);
    puts(st1);
    printf("\n");
    return 0;
}
```

运行结果为:

```
C Language
Press any key to continue
```

本函数要求字符数组1有足够的长度,否则不能全部装入所拷贝的字符串。

5. 字符串比较函数 strcmp

格式:strcmp(字符数组名1,字符数组名2)。

功能:按照ASCII码顺序比较两个数组中的字符串,并由函数返回值返回比较结果。当字符串1=字符串2时,返回值=0;当字符串1>字符串2时,返回值>0;当字符串1<字符串2时,返回值<0。

本函数也可用于比较两个字符串常量,或比较数组和字符串常量。

【例5.16】

```
# include< stdio.h>
# include< string.h>
int main()
{
    int k;
    static char st1[15],st2[]= "C Language";
    printf("input a string:\n");
    gets(st1);
    k= strcmp(st1,st2);
    if(k= = 0)printf("st1= st2\n");
    if(k> 0) printf("st1> st2\n");
    if(k< 0) printf("st1< st2\n");
    return 0;
}
```

运行结果为:

```
input a string:
C Language
st1=st2
Press any key to continue
```

本程序中把输入的字符串和数组 st2 中的串比较，比较结果返回到 k 中，根据 k 值再输出结果提示串。当输入为 dbase 时，由 ASCII 码可知“dBASE”大于“C Language”，故 k>0，输出结果“st1>st2”。

6. 测字符串长度函数 strlen

格式：strlen(字符数组名)。

功能：测字符串的实际长度(不含字符串结束标志'\0') 并作为函数返回值。

【例 5.17】

```
# include< stdio.h>
# include< string.h>
int main()
{
    int k;
    static char st[]= "C language";
    k= strlen(st);
    printf("The lenth of the string is % d\n",k);
    return 0;
}
```

运行结果为：

```
The lenth of the string is 10
Press any key to continue
```

C 语言提供的处理字符串的函数很多，可以查看有关库函数的手册。

5.3.7 字符数组举例

【例 5.18】 将两个字符串连接起来，要求不使用 strcat 函数。

源程序如下：

```
# include < stdio.h>
int main()
{
  char str1[100],str2[100];
  int i= 0,j= 0;
  printf("input string1:");
  scanf("% s",str1);
  printf("input string2:");
  scanf("% s",str2);
  while(str1[i]! = '\0')
    i+ + ;
```

```
    while(str2[j]! = '\0')    {
        str1[i]= str2[j];
        i+ + ;
        j+ + ;
    }
    str1[i]= '\0';
    printf("\nThe new string is:% s \n",str1);
}
```

运行结果为：

```
input string1:abc
input string2:def

The new string is:abcdef
Press any key to continue
```

5.4 程序综合举例

本节例子中的运行结果由读者上机去实现。

【例 5.19】 如果一个正整数等于其各个数字的立方和，则该数称为阿姆斯特朗数，如 $407=4^3+0^3+7^3$。编程求 1000 以内的所有阿姆斯特朗数。

程序如下：

```
# include < stdio.h>
int main()
{
    int i,t,k,a[4];
    printf("Armstrong number smaller than 1000:\n");
    for(i= 2;i< 1000;i+ + )
    {
      for(t= 0,k= 1000;k> = 10;t+ + )
      {
        a[t]= (i% k)/(k/10);
        k/= 10;
    }
    if(a[0]* a[0]* a[0]+ a[1]* a[1]* a[1]+ a[2]* a[2]* a[2]+ a[3]* a[3]* a[3]= = i)
        /*  判断 i 是否为阿姆斯特朗数，若满足条件，则输出* /
        printf("% d",i);
      return 0;
    }
}
```

该程序采用穷举法，依次取 1000 以内的各数(设为 i)，将 i 的各位数字分解后，根据性质进行判断，用求余法截取 i 的各位数字，截取时从高位到低位顺序，分别赋值给 a[0]至 a[3]。

【例 5.20】 将 1 个 3×2 的矩阵存入 1 个 3×2 的二维数组中，找出最大值以及它的行下标和列下标，并输出该矩阵。

源程序如下：

```
/* 找出矩阵中的最大值及其行下标和列下标 * /
# include < stdio.h>
void main()
{
    int col, i, j, row;
    int a[3][2];
    /* 将输入的数存入二维数组 * /
    printf("Enter 6 integers: \n");        /* 提示输入 6 个数 * /
    for(i = 0; i < 3; i+ + )
        for(j = 0; j < 2; j+ + )
            scanf("% d", &a[i][j]);
    /* 按矩阵的形式输出二维数组 a * /
    for(i = 0; i < 3; i+ + ){
        for(j = 0; j < 2; j+ + )
            printf("% 4d", a[i][j]);
        printf("\n");
    }
    /* 遍历二维数组，找出最大值 a[row][col] * /
    row = col = 0;                          /* 先假设 a[0][0] 是最大值 * /
    for(i = 0; i < 3; i+ + )
       for(j = 0; j < 2; j+ + )
          if(a[i][j] > a[row][col]){    /* 如果 a[i][j] 比假设值大 * /
             row = i;                  /* 再假设 a[i][j] 是新的最大值 * /
             col = j;  }
    printf("max = a[% d][% d] = % d\n", row, col, a[row][col]);
    return 0;
}
```

程序中 row 为记录最大值的行下标，col 为最大值的列下标，a[row][col]为最大值。

【例 5.21】

源程序如下：

```
# include < stdio.h>
# include < string.h >
int main()
{
    char name[3][20]= {"John","jan","Boy"};
```

```
        char str[20];
        int i;
        for(i= 0;i< 3;i+ + )
            strlwr(name[i]); /* 字符串中的字符转换成小写字母* /
        /* 按照英文字母顺序排列* /
        if(strcmp(name[0],name[1])> 0)
        {
            strcpy(str,name[0]);
            strcpy(name[0],name[1]);
            strcpy(name[1],str);
        }
        if(strcmp(name[0],name[2])> 0)
        {
            strcpy(str,name[0]);
            strcpy(name[0],name[2]);
            strcpy(name[2],str);
        }
        if(strcmp(name[1],name[2])> 0)
        {
            strcpy(str,name[1]);
            strcpy(name[1],name[2]);
            strcpy(name[2],str); }
        for(i= 0;i< 3;i+ + )
          printf("% s\n",name[i]);
        return 0;
    }
```

分析：

本程序设一个二维数组 name，大小为 3×20，每一行存放一个字符串，可以把 name[0]，name[1]，name[2]看作 3 个一维字符数组，然后经过 3 次两两比较，第一个 if 语句，用 strcmp 函数比较，str 存放了 name[0]和 name[1]中的较大者，然后用 strcpy 函数把较大者存入 name[1]中。第二个 if 语句，仍然用 strcmp 函数进行比较，将 name[0]和 name[2]中的较大者存入 str 中，然后用 strcpy 函数把较大者存入 name[2]中。第三个 if 语句，用 strcmp 函数进行比较，str 存放的就是 name[0]，name[1]，name[2]三者中的最大者，然后用 strcpy 函数把最大者放到 name[2]中。

5.5 总结

(1)数组是程序设计中最常用的数据结构。数组可分为数值数组(整数组和实数组)、字符数组以及后面将要介绍的指针数组、结构数组等。

(2)数组可以是一维的、二维的或多维的。

(3)数组类型说明由类型说明符、数组名、数组长度(数组元素个数)三部分组成。数组元素又称为下标变量。数组的类型是指下标变量取值的类型。

(4)对数组的赋值可以用数组初始化赋值、输入函数动态赋值和赋值语句赋值三种方法实现。对数值数组不能用赋值语句整体赋值、输入或输出,而必须用循环语句逐个对数组元素进行操作。

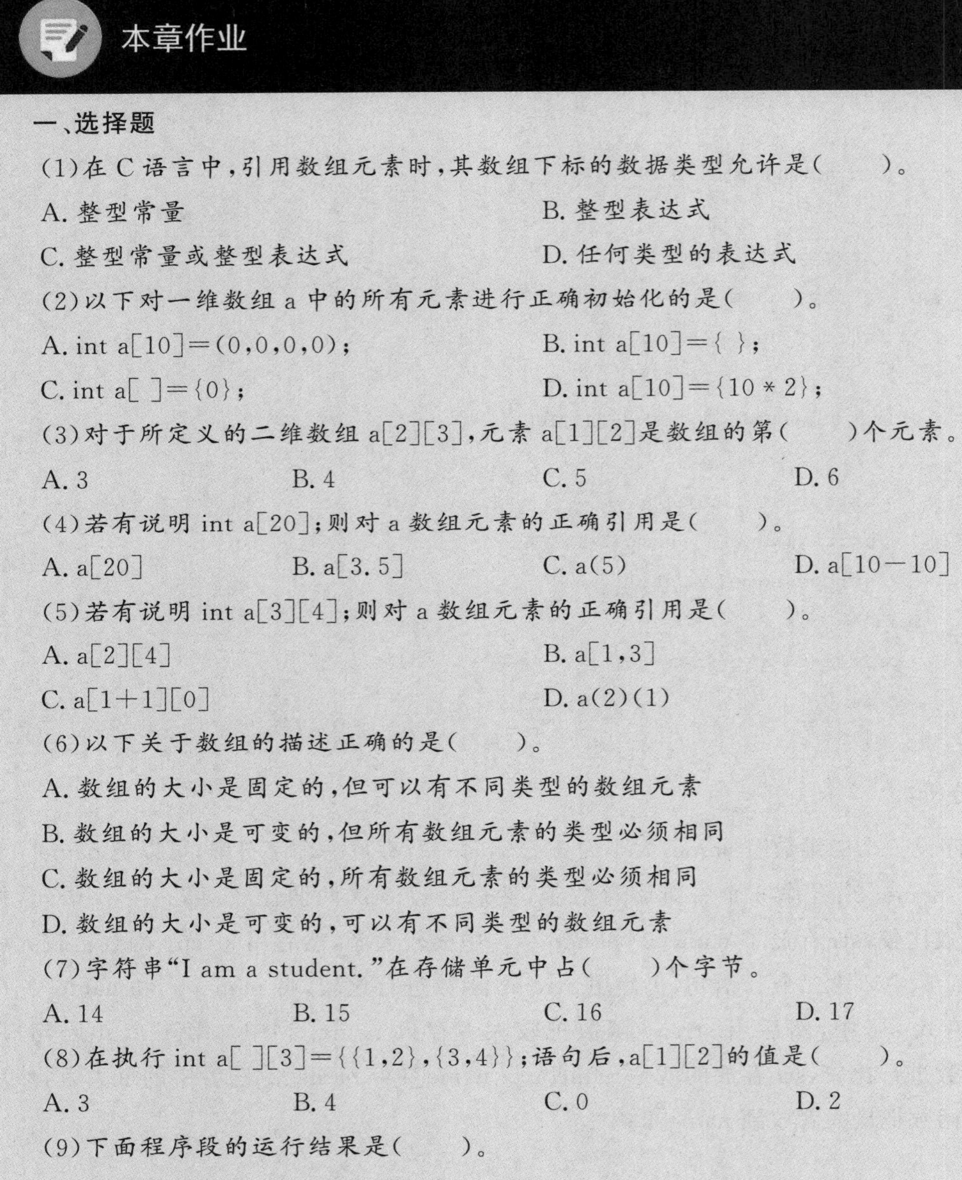

本章作业

一、选择题

(1)在C语言中,引用数组元素时,其数组下标的数据类型允许是(　　)。

A. 整型常量　　B. 整型表达式

C. 整型常量或整型表达式　　D. 任何类型的表达式

(2)以下对一维数组a中的所有元素进行正确初始化的是(　　)。

A. int a[10]=(0,0,0,0);　　B. int a[10]={ };

C. int a[ ]={0};　　D. int a[10]={10 * 2};

(3)对于所定义的二维数组a[2][3],元素a[1][2]是数组的第(　　)个元素。

A. 3　　B. 4　　C. 5　　D. 6

(4)若有说明int a[20];则对a数组元素的正确引用是(　　)。

A. a[20]　　B. a[3.5]　　C. a(5)　　D. a[10-10]

(5)若有说明int a[3][4];则对a数组元素的正确引用是(　　)。

A. a[2][4]　　B. a[1,3]

C. a[1+1][0]　　D. a(2)(1)

(6)以下关于数组的描述正确的是(　　)。

A. 数组的大小是固定的,但可以有不同类型的数组元素

B. 数组的大小是可变的,但所有数组元素的类型必须相同

C. 数组的大小是固定的,所有数组元素的类型必须相同

D. 数组的大小是可变的,可以有不同类型的数组元素

(7)字符串“I am a student.”在存储单元中占(　　)个字节。

A. 14　　B. 15　　C. 16　　D. 17

(8)在执行int a[ ][3]={{1,2},{3,4}};语句后,a[1][2]的值是(　　)。

A. 3　　B. 4　　C. 0　　D. 2

(9)下面程序段的运行结果是(　　)。

```
char c[5]= {'a','b','\0','c','\0'};
printf("% s",c);
```

A. 'a"b'　　B. ab　　C. ab c　　D. a,b

(10)以下程序的输出结果是(　　)。

```
# include < stdio.h>
void main()
{
    int  i, a[10];
    for(i= 9;i> = 0;i- - )
        a[i]= 10- i;
    printf("% d% d% d",a[2],a[5],a[8]);
    return 0;
}
```

A. 258　　B. 741　　C. 852　　D. 369

(11)以下程序运行后,输出结果是(　　)。

```
main()
{ int  n[5]= {0,0,0},i,k= 2;
  for(i= 0;i< k;i+ + )  n[i]= n[i]+ 1;
  printf("% d\n",n[k]);}
```

A. 不确定的值　　B. 2　　C. 1　　D. 0

(12)以下程序运行后,输出结果是(　　)。

```
# include < stdio.h>
void main()
{
    int   y= 18,i= 0,j,a[8];
    do
    {
        a[i]= y% 2; i+ + ;
        y= y/2;
    }
    while(y> = 1);
    for(j= i- 1;j> = 0;j- - )
        printf("% d",a[j]);
    printf("\n");
    return 0;
}
```

A. 10000　　B. 10010　　C. 00110　　D. 10100

(13)以下程序运行后,输出结果是(　　)。

```
# include < stdio.h>
void main()
{
```

```
    int a[10], a1[ ]= {1,3,6,9,10}, a2[ ]= {2,4,7,8,15},i= 0,j= 0,k;
    for(k= 0;k< 4;k+ + )
        if(a1[i]< a2[j])
            a[k]= a1[i+ + ];
        else
            a[k]= a2[j+ + ];
        for(k= 0;k< 4;k+ + )
            printf("% d",a[k]);
    return 0;
}
```

A. 1234　　B. 1324　　C. 2413　　D. 4321

(14)以下程序运行后,输出结果是(　　)。

```
# include< stdio.h>
void main()
{
    int i,k,a[10],p[3];
    k= 5;
    for (i= 0;i< 10;i+ + )
        a[i]= i;
    for (i= 0;i< 3;i+ + )
        p[i]= a[i* (i+ 1)];
    for (i= 0;i< 3;i+ + )
        k+ = p[i]* 2;
    printf("% d\n",k);
    return 0;
}
```

A. 20　　B. 21　　C. 22　　D. 23

(15)以下程序运行后输出结果是(　　)。

```
# include < stdio.h>
void main()
{
    int n[3],i,j,k;
    for(i= 0;i< 3;i+ + )
        n[i]= 0;
    k= 2;
    for (i= 0;i< k;i+ + )
        for (j= 0;j< k;j+ + )
            n[j]= n[i]+ 1;
```

```
        printf("% d\n",n[1]);
    return 0;
}
```

A. 2　　B. 1　　C. 0　　D. 3

(16)下列程序的主要功能是输入10个整数存入数组a,再输入一个整数x,在数组a中查找x。找到则输出x在10个整数中的序号(从1开始);找不到则输出0。程序缺少的是(　　)。

```
main()
{
    int  i,a[10],x,flag= 0;
    for(i= 0;i< 10;i+ + )
        scanf("% d",&a[i]);
    scanf("% d",&x);
    for(i= 0;i< 10;i+ + )    if ________    {flag= i+ 1;  break;}
        printf("% d\n",  flag);
}
```

A. x! =a[i]　　B. !(x-a[i])　　C. x-a[i]　　D. ! x-a[i]

(17)若有说明 int a[2][3];则对a数组元素的正确引用是(　　)。

A. a(1,2)　　B. a[1,3]　　C. a[1>2][! 1]　　D. a[2][0]

(18)若有定义 int b[3][4]={0};则下述正确的是(　　)。

A. 此定义语句不正确　　B. 没有元素可得初值0

C. 数组b中各元素均为0　　D. 数组b中各元素可得初值但值不一定为0

(19)若有以下数组定义,其中不正确的是(　　)。

A. int　a[2][3];　　B. int　b[][3]={0,1,2,3};

C. int　c[100][100]={0};　　D. int　d[3][]={{1,2},{1,2,3},{1,2,3,4}};

(20)若有以下定义:int　t[5][4];能正确引用t数组的表达式是(　　)。

A. t[2][4]　　B. t[5][0]

C. t[0][0]　　D. t[0,0]

(21)在定义 int　m[ ][3]={1,2,3,4,5,6};后,m[1][0]的值是(　　)。

A. 4　　B. 1　　C. 2　　D. 5

(22)在定义 int　n[5][6]后第10个元素是(　　)。

A. n[2][5]　　B. n[2][4]

C. n[1][3]　　D. n[1][4]

(23)若二维数组c有m列,则计算任一元素c[i][j]在数组中的位置的公式为(　　)。(假设c[0][0]位于数组的第一个位置。)

A. i * m+j　　B. j * m+i

C. i * m+j-1　　D. i * m+j+1

(24)若有以下定义语句,则表达式“x[1][1] * x[2][2]”的值是(　　)。

```
float  x[3][3]= {{1.0,2.0,3.0},{4.0,5.0,6.0}};
```

A. 0.0　　B. 4.0　　C. 5.0　　D. 6.0

(25)以下程序运行后,输出结果是(　　)。

```
main()
{
    int  a[4][4]= {{1,3,5},{2,4,6},{3,5,7}};
    printf("% d% d% d% d\n",a[0][3],a[1][2],a[2][1],a[3][0]);
}
```

A. 0650　　B. 1470　　C. 5430　　D. 输出值不定

(26)以下程序运行后,输出结果是(　　)。

```
main()
{
    int aa[4][4]= {{1,2,3,4},{5,6,7,8},{3,9,10,2},{4,2,9,6}};
    int i,s= 0;
    for(i= 0;i< 4;i+ + )  s+ = aa[i][1];
    printf("% d\n",s);}
```

A. 11　　B. 19　　C. 13　　D. 20

(27)有以下程序:

```
main( )
{
    int  a[3][3]= {{1,2},{3,4},{5,6}},i,j,s= 0;
    for(i= 1;i< 3;i+ + )
        for(j= 0;j< = i;j+ + )  s+ = a[i][j];
    printf("% d\n",s);
}
```

该程序的输出结果是(　　)。

A. 18　　B. 19　　C. 20　　D. 21

(28)若定义如下变量和数组:

```
int i;
int x[3][3]= {1,2,3,4,5,6,7,8,9};
```

则下面语句的输出结果是(　　)。

```
for(i= 0;i< 3;i+ + ) printf("% d",x[i][2- i]);
```

A. 1 5 9　　B. 1 4 7　　C. 3 5 7　　D. 3 6 9

(29)下述对C语言字符数组的描述中错误的是(　　)。

A. 字符数组可以存放字符串

B. 字符数组中的字符串可以整体输入、输出

C. 可以在赋值语句中通过赋值运算符“=”对字符数组整体赋值

D. 不可以用关系运算符对字符数组中的字符串进行比较

(30)下述对C语言字符数组的描述中正确的是(　　)。

A. 任何一维数组的名称都是该数组存储单元的开始地址,且其每个元素按照顺序连续占存储空间

B. 一维数组的元素在引用时其下标大小没有限制

C. 任何一个一维数组的元素,可以根据内存的情况按照其先后顺序以连续或非连续的方式占用存储空间

D. 一维数组的第一个元素是其下标为1的元素

二、填空题

(1)C语言中,数组元素的下标下限为__________。

(2)C程序在执行过程中,不检查数组下标是否__________。

(3)在定义时对数组的每一个元素赋值叫数组的__________;C语言规定,只有__________存储类型和__________存储类型的数组才可在定义时赋值。

(4)下面程序的运行结果是__________。

```
# include< stdio.h>
# define  N  5
int main()
{
    int  a[N]= {1,2,3,4,5},i,temp;
    for(i= 0;i< N/2;i+ + )
    {
        temp= a[i];
        a[i]= a[N- i- 1];
        a[N- i- 1]= temp;
    }
    printf("\n");
    for(i= 0;i< N;i+ + )
        printf("% d  ", a[i]);
        return 0;
}
```

(5)以下程序以每一行输出4个数据的形式输出a数组。请填空。

```
# include< stdio.h>
int main()
{
    int  a[20],i;
    for(i= 0;i< 20;i+ + )
        scanf("% d",  【1】);
    for(i= 0;i< 20;i+ + )
```

```
        {
            if (【2】)   【3】;
            printf("% 3d",a[i]);
        }
        printf("\n");
        return 0;
    }
```

(6)以下程序分别在a数组和b数组中放入an+1和bn+1个由小到大的有序数,程序把两个数组中的数按由小到大的顺序归并到c数组中。请填空。

```
# include< stdio.h>
int main()
{
    int  a[10]= {1,2,5,8,9,10}, an= 5,b[10]= {1,3,4,8,12,18},bn= 5;
    int  i,j,k,c[20],max= 9999;
    a[an+ 1]= b[bn+ 1]= max;
    i= j= k= 0;
    while((a[i]! = max)||(b[j]! = max))
      if(a[i]< b[j])
      {
          c[k]=  【1】;  k+ + ;  【2】;
      }
      else
      {
          c[k]=  【3】;  k+ + ;  【4】;
      }
      for(i= 0;i< k;i+ + )
          printf("% 4d",c[i]); printf("\n");
      return 0;
}
```

(7)以下程序的功能是:从键盘上输入若干个学生的成绩,计算出平均成绩,并输出低于平均分的学生成绩,用输入负数结束输入。请填空。

```
# include< stdio.h>
void main()
{
    float  x[1000], sum= 0.0,ave,a;
    int    n= 0, i;
       printf("Enter mark:\n");scanf("% f",&a);
    while(a> = 0 && n< 1000)
    {
```

```
        sum+ =【1】;
        x[n]= 【2】;
        n+ + ;
        scanf("% f",&a);
    }
    ave=【3】;
    printf("Output:\n");
    printf("ave= % f\n",ave);
    for (i= 0;i< n;i+ + )
        if(【4】)
            printf ("% f\n",x[i]);
        return 0;
}
```

(8)以下程序把一个整数转换成二进制数,所得二进制数的每一位放在一维数组中,输出此二进制数。注意:二进制数的最低位在数组的第一个元素中。请填空。

```
# include< stdio.h>
int main()
{
    int  b[16],x,k,r,i;
    printf("please  input  binary  num  to  x");
    scanf("% d",&x);
    printf("% d\n",x);
    k= - 1;
    do
    {
        r= x% 【1】;
        b[+ + k]= r;
        x/=  【2】;
    }
    while(x> = 1);
    for(i= k; 【3】 ;i- - )
        printf("% d",b[i]);  printf("\n");
    return 0;
}
```

(9)输入 10 个整数,用选择法排序后按从小到大的次序输出,阅读程序并填空。

```
# include< stdio.h>
# define  N  10
void main()
{
```

```
    int  i,j,min,temp,a[N];
    for(i= 0;i< N;i+ + )
        scanf("% d",【1】);
    printf("\n");
    for(i= 0; 【2】; i+ + )
    {
        min= i;
        for(j= i;j< N;j+ + )
            if(a[min]> a[j])【3】;
            temp= a[i];
            a[i]= a[min];
            a[min]= temp;
    }
    for (i= 0;i< N;i+ + )
        printf("% 5d",a[i]);
    printf("\n");
    return 0;
}
```

(10)阅读以下源码：当先后输入 1,3,4,12,23 时，屏幕上出现＿＿＿＿＿＿；再输入 12 时，屏幕上出现＿＿＿＿＿＿。

```
# include< stdio.h>
# define  N  5
int main()
{
  int  i,j,number,top,bott,min,loca,a[N],flag;
  char  c;
  printf("please  input  5 numbers  a[i]> a[i- 1]\n");
  scanf("% d",&a[0]);
  i= 1;
  while(i< N)
  {
    scanf("% d",&a[i]);
    if(a[i]> = a[i- 1])
      i+ + ;
  }
  printf("\n");
  for(i= 0;i< N;i+ + )
    printf("% 4d",a[i]);
  printf("\n");
```

```
    flag= 1;
    while(flag)
    {
      scanf("% d",&number);
      loca= 0;
      top= 0;
      bott= N- 1;
      if((number< a[0])||(number> a[N- 1]))
        loca= - 1;
      while((loca= = 0)&&(top< = bott))
      {
        min= (bott+ top)/2;
        if(number= = a[min])
        {
          loca= min;printf("% d is the % dth  number\n",number,loca+ 1);
        }
        else if  (number< a[min])
          bott= min- 1;
        else top= min+ 1;
    }
    if(loca= = 0||loca= = - 1)
      printf("% d  is not  in the list \n",number);
    c= getchar();
    if (c= = 'N'||c= = 'n')
      flag= 0;
    }
    return 0;
}
```

第6章 函数

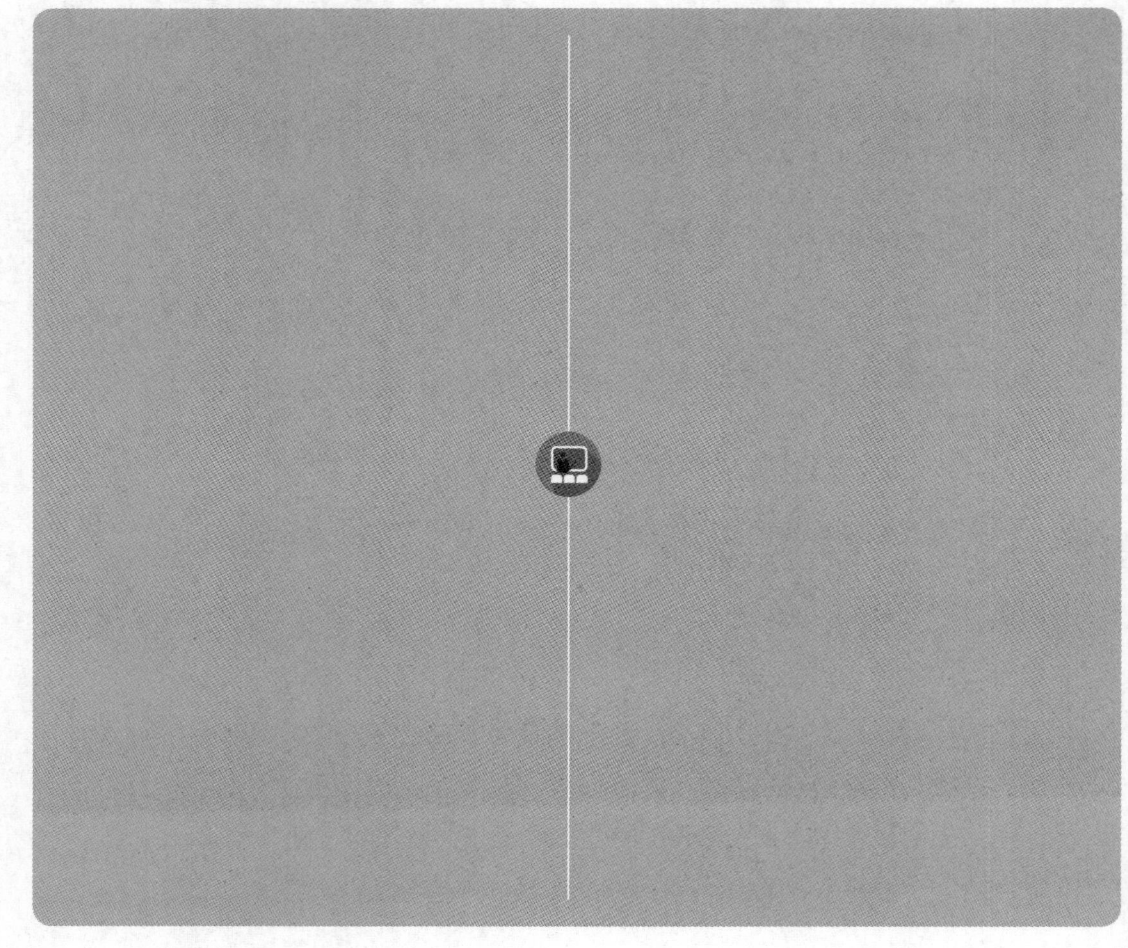

6.1 概述

前面章节介绍过C源程序是由函数组成的。虽然前面章节中的源程序多数只有一个主函数 main(),但实际中的程序往往由多个函数组成。

函数是C源程序的基本模块,通过对函数模块的调用实现特定的功能。C语言中的函数相当于其他高级语言的子程序。C语言不仅提供了极为丰富的库函数,还允许用户建立自己定义的函数。用户可把自己的算法编成一个个相对独立的函数模块,然后通过调用方法来使用函数。C程序的全部工作都是由各种函数完成的,所以C语言又称为函数式语言。

由于采用了函数模块式的结构,C语言易于实现结构化程序设计,使程序的层次结构清晰,便于程序的编写、阅读、调试。

从函数定义的角度看,函数可分为库函数和用户定义函数两种。

6.1.1 库函数

库函数是由C语言提供的,不需要另外编写。例如:

输入输出函数　　#include <stdio.h>
数学函数　　#include <math.h>
字符函数　　#include <ctype.h>
字符串函数　　#include <string.h>

使用库函数时,在调用之前必须使用"include"包含对应的"头文件"。库函数的调用有两种出现形式:

(1)出现在表达式中,例如:

```
y= pow(x,2.5)+ 1.3;
```

(2)作为独立的语句出现,例如:

```
printf("* * * * * \n");
```

在C语言中,所有的函数定义,包括主函数 main 在内,都是平行的。也就是说,在一个函数的函数体内,不能再定义另一个函数,即不能嵌套定义。但是函数之间允许相互调用,也允许嵌套调用。习惯上把调用者称为主调函数。函数还可以自己调用自己,称为递归调用。

main 函数是主函数,它可以调用其他函数,而不允许被其他函数调用。因此,C程序的执行总是从 main 函数开始,完成对其他函数的调用后再返回到 main 函数,最后由 main 函数结束整个程序。一个C源程序必须有,也只能有一个主函数 main。

6.1.2 用户定义函数

C语言提供了丰富的库函数,这些函数的功能已经被开发人员编写好了,直接来调用就可以了。这一小节我们将学习自己来编写函数,自己编写的函数称为用户自定义函数。

6.2 函数定义的一般形式

6.2.1 无参函数的定义形式

无参函数的定义形式如下：

```
类型标识符 函数名( )
{
    声明部分
    语句部分
}
```

函数由函数的首部和函数体两部分组成。其中类型标识符和函数名称为函数的首部。类型标识符指明了本函数的类型，函数的类型实际上是函数返回值的类型。该类型标识符与前面介绍的各种说明符相同。函数名是由用户定义的标识符，函数名后有一个空括号，其中无参数，但括号不可少。

{}中的内容称为函数体。在函数体中声明部分，是对函数体内部所用到的变量的类型说明。

在很多情况下都不要求无参函数有返回值，此时函数类型符可以写为 void。

我们可以改写一个函数定义：

```
void Hello()
{
    printf ("Hello,world \n");
}
```

这里，只把 main 改为 Hello 作为函数名，其余不变。Hello 函数是一个无参函数，当被其他函数调用时，输出字符串“Hello，world”。

在后面的内容中将学习如何调用自定义函数，读者可在学习后思考如何写出正确的调用 Hello 函数的代码。

下面给出参考代码：

```
# include< stdio.h>
void Hello()
{
    printf ("Hello,world \n");
}
void main( )
{
    Hello( );
    Hello( );
}
```

上述程序中，主函数调用了两次 Hello 函数，所以输出两次“Hello，world”。

运行结果如下：

```
Hello,world
Hello,world
Press any key to continue
```

6.2.2 有参函数的定义形式

有参函数的定义形式如下：

函数返回值的类型名 函数名(类型名 形式参数 1，类型名 形式参数 2，…)

```
{
    说明部分
    语句部分
}
```

有参函数比无参函数多了一项内容，即形式参数表列。在形式参数表中给出的参数称为形式参数或形参，它们可以是各种类型的变量，各参数之间用逗号间隔。在进行函数调用时，主调函数将赋予这些形式参数实际的值。形参既然是变量，必须在形参表中给出形参的类型说明。

例如，定义一个函数，用于求两个数中的大数，可写为：

```
int max(int a, int b)
{
    if (a> b) return a;
    else return b;
}
```

如图 6-1 所示，直接运行结果出错。

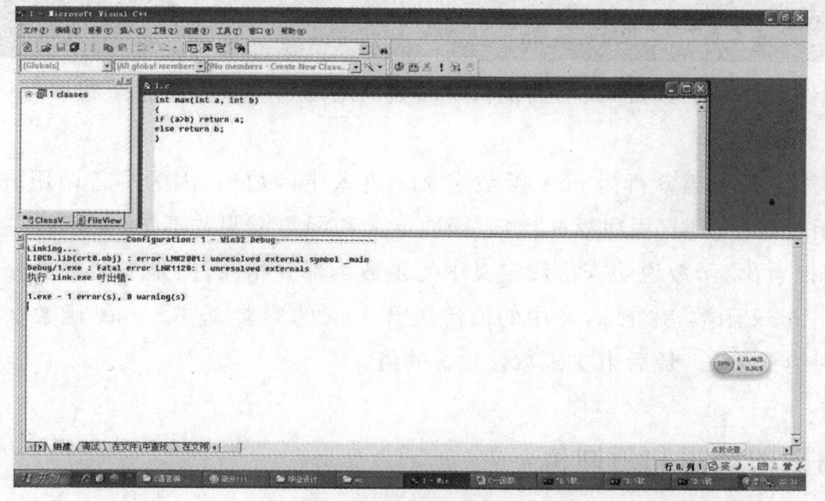

图 6-1　运行结果

注意：此函数不能执行，只有在主函数中调用它才能运行。

第一行说明 max 函数是一个整型函数,其返回的函数值是一个整数。形参为 a,b,均为整型量。a,b 的具体值是由主调函数在调用时传送过来的。在{}中的函数体内,除形参外没有使用其他变量,因此只有语句而没有声明部分。在 max 函数体中的 return 语句是把 a (或 b)的值作为函数的值返回给主调函数。有返回值的函数中至少应有一个 return 语句。

在 C 程序中,一个函数的定义可以放在任意位置,既可放在主函数 main 之前,也可放在 main 之后。

例如:可把 max 函数放在 main 之后,也可以把它放在 main 之前。修改后的程序如下所示。

【例 6.1】 自定义函数示例。

```
# include< stdio.h>
int max(int a, int b)
{
    if(a> b) return a;
    else return b;
}
void main()
{
    int max(int a, int b);
    int x, y, z;
    printf("input two numbers:\n");
    scanf("% d% d", &x, &y);
    z= max(x, y);
    printf("maxmum= % d", z);
}
```

```
input two numbers:
1 2
maxmum=2Press any key to continue
```

现在我们可以从函数定义、函数说明及函数调用的角度来分析整个程序,从中进一步了解函数的各种特点。

程序的第 1 行至第 6 行为 max 函数定义。进入主函数后,因为准备调用 max 函数,故先对 max 函数进行说明(程序第 9 行)。函数定义和函数说明并不是一回事,在后面还要专门讨论。可以看出,函数说明与函数定义中的函数头部分相同,但是末尾要加分号。程序第 13 行为调用 max 函数,并把 x, y 中的值传送给 max 的形参 a, b。max 函数执行的结果(a 或 b)将返回给变量 z。最后由主函数输出 z 的值。

6.3 函数的调用和返回值

首先介绍函数的参数。前面已经介绍过,参数分为形参和实参两种。形参出现在函数定义中,在整个函数体内都可以使用,离开该函数则不能使用。实参出现在主调函数中，进入被调函数后，实参变量也不能使用。实参只能向形参单向地传递数据。发生函数调用时，主调函数把实参的值传送给被调函数的形参，从而实现主调函数向被调函数的数据传送。

注意，函数的形参和实参具有以下特点：

(1)形参变量只有在被调用时才分配内存单元，在调用结束时，即刻释放所分配的内存单元。因此，形参只有在函数内部有效。函数调用结束返回主调函数后则不能再使用该形参变量。

(2)实参可以是常量、变量、表达式、函数等，无论实参是何种类型的量，在进行函数调用时，它们都必须具有确定的值，以便把这些值传送给形参。因此，应预先用赋值、输入等办法使实参获得确定值。

(3)实参和形参在数量上、类型上、顺序上应严格一致，否则会发生类型不匹配的错误。

(4)函数调用中发生的数据传送是单向的，即只能把实参的值传送给形参，而不能把形参的值反向地传送给实参。因此在函数调用过程中，形参的值发生改变，而实参中的值不会变化。

◆ 6.3.1 函数调用的一般形式

在程序中是通过对函数的调用来执行函数体的，其过程与其他语言的子程序调用相似。C语言中，函数调用的一般形式为：

函数名(实际参数表)

对无参函数调用时则无实际参数表。实际参数表中的参数可以是常数、变量或其他构造类型数据及表达式。各实参之间用逗号分隔。注意：实际参数的个数和类型必须与形式参数的保持一致。

◆ 6.3.2 函数调用的方式

在主函数中调用用户编写的函数有两种方式：

(1)作为表达式出现在允许表达式出现的任何地方。如：

```
y= add(3.0,4.0);
if(add(x,y)> 0)
```

(2)作为独立的语句出现。如：

```
add(x,y);
```

用户自定义函数无论放在主函数的前面还是后面都没有关系，因为程序都是从 main 函数开始执行的。不过当用户自定义函数出现在主函数之后，一定要对该函数进行函数说明(函数返回值的类型为 int 或 char 除外)。函数说明一般都是在程序的开头进行的。

在用户编写完整的程序时，用户自定义函数可以放在主函数的前面，也可以放在主函数的后面，不过要是放在主函数的后面，则要进行函数说明。

【例 6.2】 在主函数中调用用户编写的函数示例。

```
# include < stdio.h>
double add(double a,double b)
{
    double s;
    s= a+ b;
      return  s;
}
void main()
{
    double y,p,q;
    scanf("% lf% lf",&p,&q);
    y= add(p,q);
    printf("% f",y);
}
```

```
1 2
3.000000Press any key to continue
```

说明：程序从 main 函数开始执行，到“y =add(p,q);”这行语句时，程序跳转到第一行的 add 函数处继续执行，p,q 作为实参将具体参数值传递给形参 a,b。执行完 add 函数的函数体后返回 s 的值到主函数 add(p,q)处，main 函数继续执行最后一行输出语句。注意退出 add 函数，将 s 的值作为该函数的返回值。当退出用户自定义函数时，该函数中的变量全部释放。

6.3.3 函数的返回值

函数的返回值是指函数被调用之后，执行函数体中的程序段所取得的并返回给主调函数的值。如调用正弦函数取得正弦值，调用例 6.2 的 add 函数的求和。对函数的值(或称函数返回值)有以下一些说明：

(1)函数的值只能通过 return 语句返回主调函数。

return 语句的一般形式为：

return 表达式；

或者为：

return (表达式)；

该语句的功能是计算表达式的值，并返回给主调函数。在函数中允许有多个 return 语句，但每次调用只能有一个 return 语句被执行，因此只能返回一个函数值。

(2)函数值的类型和函数定义中函数的类型应保持一致。如果两者不一致，则以函数类型为准，自动进行类型转换。

(3)如函数值为整型，在函数定义时可以省去类型说明。

(4)不返回函数值的函数，可以明确定义为“空类型”，类型说明符为“void”。一旦函数被定义为空类型，就不能在主调函数中使用被调函数的函数值了。例如，在定义 s 为空类型后，在主函数中写下述语句

sum=s(n);

就是错误的。

为了使程序有良好的可读性并减少出错，凡不要求返回值的函数都应定义为空类型。

【例 6.3】 以下程序试图通过调用 swap 函数，把主函数中变量 x 和 y 的数据进行交换。

请观察程序的输出。

```
# include < stdio.h>
void swap(int x,int y);
void main( )
{
    int x= 10,y= 20;
    printf("(1)x= % d  y= % d\n",x,y);
    swap(x,y);
    printf("(4)x= % d  y= % d\n",x,y);
}
void swap(int a,int b)
{
    int t;
    printf("(2)a= % d  b= % d\n",a,b);
    t= a;a= b;b= t;
    printf("(3)a= % d  b= % d\n",a,b);
}
```

运行结果为：

```
(1)x=10  y=20
(2)a=10  b=20
(3)a=20  b=10
(4)x=10  y=20
Press any key to continue
```

请大家思考原因。

6.4 函数的递归调用

一个函数在它的函数体内调用它自身称为递归调用。这种函数称为递归函数。C 语言允许函数的递归调用。在递归调用中，主调函数又是被调函数。执行递归函数将反复调用其自身，每调用一次就进入新的一层。

例如有函数 f 如下：

```
int f(int x)
{
    int y;
    z= f(y);
    return z;
}
```

这个函数是一个递归函数。但是运行该函数将无休止地调用其自身,这当然是不正确的。为了防止递归调用无终止地进行,必须在函数内有终止递归调用的手段。常用的办法是加条件判断,满足某种条件后就不再做递归调用,然后逐层返回。下面举例说明递归调用的执行过程。

【例 6.4】 用递归法计算 n!。

用递归法计算 n! 可用下述公式表示:

n! =1 (n=0,1)

n×(n-1)! (n>1)

按公式可编程如下:

```
long ff(int n)
{
    long f;
    if(n< 0) printf("n< 0,input error");
    else if(n= = 0||n= = 1) f= 1;
    else f= ff(n- 1)* n;
    return(f);
}
void main( )
{
    int n;
    long y;
    printf("\ninput a inteager number:\n");
    scanf("% d",&n);
    y= ff(n);
    printf("% d! = % ld",n,y);
}
```

```
input a inteager number:
5
5!=120Press any key to continue
```

程序中给出的函数 ff 是一个递归函数。主函数调用 ff 后即进入函数 ff 执行,如果 n<0,n==0 或 n==1 时都将结束函数的执行,否则就递归调用 ff 函数自身。由于每次递归调用的实参为 n-1,即把 n-1 的值赋予形参 n,最后当 n-1 的值为 1 时再做递归调用,形参 n 的值也为 1,将使递归终止。然后可逐层退回。

下面我们再举例说明该过程。设执行本程序时输入为 5,即求 5!。主函数中的调用语句即为 y=ff(5),进入 ff 函数后,由于 n=5,不等于 0 或 1,故应执行 f=ff(n-1) * n,即 f=ff(5-1) * 5。该语句对 ff 做递归调用即 ff(4)。

进行四次递归调用后,ff 函数形参取得的值变为 1,故不再继续递归调用而开始逐层返回主调函数。ff(1)的函数返回值为 1,ff(2)的返回值为 1 * 2=2,ff(3)的返回值为 2 * 3=6,ff(4)的返回值为 6 * 4=24,最后返回值 ff(5)为 24 * 5=120。

除此之外，数组可以作为函数的参数使用，进行数据传送。数组用作函数参数有两种形式：一种是把数组元素（下标变量）作为实参使用；另一种是把数组名作为函数的形参和实参使用。

【例 6.5】 判别一个整数数组中各元素的值，若大于 0 则输出该值，若小于等于 0 则输出 0 值。编程如下：

```
void nzp(int v)
{
    if(v> 0)
    printf("% d\n",v);
    else
    printf("% d\n",0);
}
void main( )
{
    int a[5],i;
    printf("input 5 numbers\n");
    for(i= 0;i< 5;i+ + )
    {
        printf("请输入第% d个值\n",i+ 1);
        scanf("% d",&a[i]);
        nzp(a[i]);
    }
}
```

本程序首先定义一个无返回值函数 nzp，并说明其形参 v 为整型变量。在函数体中根据 v 值输出相应的结果。在 main 函数中用一个 for 语句输入数组各元素，每输入一个就以该元素做实参调用一次 nzp 函数，即把 a[i]的值传送给形参 v，供 nzp 函数使用。

【例 6.6】 数组 a 中存放了一个学生 5 门课程的成绩，求平均成绩。

```
float aver(float a[5])
{
    int i;
    float av,s= a[0];
```

```
        for(i= 1;i< 5;i+ + )
        s= s+ a[i];
        av= s/5;
        return av;
    }
    void main()
    {
        float sco[5],av;
        int i;
        printf("\ninput 5 scores:\n");
        for(i= 0;i< 5;i+ + )
        scanf("% f",&sco[i]);
        av= aver(sco);
        printf("average score is % 5.2f",av);
    }
```

```
input 5 scores:
1
2
3
4
5
average score is  3.00Press any key to continue
```

本程序首先定义了一个实型函数 aver，有一个形参为实型数组 a，长度为 5。在函数 aver 中，把各元素值相加求出平均值，返回给主函数。主函数 main 中首先完成数组 sco 的输入，然后以 sco 作为实参调用 aver 函数，函数返回值送到 av，最后输出 av 值。从运行情况可以看出，程序实现了所要求的功能。

在学习完后续章节指针后才能体现出函数强大的功能，所以本章节只简单介绍了函数的基本用法，读者可以学习后面章节以后再仔细体会。

本章作业

一、选择题

(1)以下叙述中正确的是(　　)。

A. C 语言程序总是从第一个定义的函数开始执行的

B. 在 C 语言程序中，要调用的函数必须在 main()函数中定义

C. C 语言程序总是从 main()函数开始执行的

D. C 语言程序中的 main()函数必须放在程序的开始部分

(2)已定义了以下函数：

```
fff( float x )
{ printf("% d\n",x* x); }
```

该函数的类型是(　　)。

A. 与参数 x 的类型相同　　B. void

C. int 类型　　D. 无法确定

(3)以下叙述中错误的是(　　)。

A. 用户定义的函数中可以没有 return 语句

B. 用户定义的函数中可以有多个 return 语句,以便可以调用一次返回多个函数值

C. 用户定义的函数中若没有 return 语句,则应当定义函数为 void 类型

D. 函数的 return 语句中可以没有表达式

(4)以下正确的函数定义形式是(　　)。

A. double fun(int x,int y);　　B. double fun(int x;int y);

C. double fun(int x,int y)　　D. double fun(int x,y)

(5)C 语言规定,函数返回值的类型是由(　　)。

A. return 语句中的表达式类型所决定

B. 调用该函数时的主调函数类型所决定

C. 调用该函数时系统临时决定

D. 定义该函数时所指定的函数类型所决定

(6)下面的函数调用语句中 func 函数的实参个数是(　　)。

```
func(f2(v1,v2),(v3,v4,v5),(v6,max(v7,v8)));
```

A. 3　　B. 4

C. 5　　D. 8

(7)有以下函数定义:

```
void fun(int n ,double x){…}
```

若以下选项中的变量都已经正确定义并赋值,则对函数 fun 的正确调用语句是(　　)。

A. fun(int y,double m);　　B. k=fun(10,12.5);

C. fun(x,n);　　D. void fun(n,x);

(8)若函数调用时的实参为变量,以下关于函数形参和实参的叙述中正确的是(　　)。

A. 函数的实参和其对应的形参共占同一存储单元

B. 形参只是形式上的存在,不会占用具体存储单元

C. 同名的实参和形参占同一存储单元

D. 函数的形参和实参分别占用不同的存储单元

(9)有以下程序:

```
int func(int a,int b)
{
  int c;
  c= a+ b;
  return c;
```

```
    }
     void main( )
    {
     int x= 6,y= 7,z= 8,r;
     r= func( (x- - ,y+ + ,x+ y), z- - );
     printf("% d\n",r);
    }
```

程序的输出结果是(　　)。

A. 11　　B. 20　　C. 21　　D. 31

(10)有以下程序：

```
# include < stdio.h>
int f(int,int);
void main( )
{
  int i= 2,p;
  p= f(i,i+ 1);printf("% d\n",p);
}
int f(int a,int b)
{
  int c;
  c= a;
  if(a> b) c= 1;
  else if(a= = b) c= 0;
  else c= - 1;
  return (c);
}
```

程序的输出结果是(　　)。

A. −1　　B. 0　　C. 1　　D. 2

(11)有以下程序：

```
# include < stdio.h>
int fun(int a,int b,int c)
{
  c= a* b;
}
main()
{
  int c;
  fun(2,3,c);   printf("% d\n",c);
}
```

程序的输出结果是(　　)。

A. 0　　B. 1　　C. 6　　D. 无定值

(12)有以下程序:

```
# include < stdio.h>
double f(int n)
{
int i; double s;
  s= 1.0;
  for(i= 1;i< = n;i+ + ) s+ = 1.0/i;
  return s;
}
  void main( )
{
  int i,m= 3; double a= 0.0;
  for(i= 0;i< m;i+ + ) a+ = f(i);
  printf("% f\n",a);
}
```

程序的输出结果是(　　)。

A. 5.500000　　B. 3.000000

C. 4.000000　　D. 8.25

二、填空题

(1)以下程序的输出结果是__________　　__________。

```
# include < stdio.h>
unsigned fun6(unsigned num)
{
unsigned k= 1;
do
  {
  k* = num% 10; num/= 10;
  }
while(num);
return k;
}
main ( )
{
  unsigned n= 26;
  printf("% d\n",fun6(n));
}
```

(2)以下程序的输出结果是________　________。

```
# include < stdio.h>
double sub(double x,double y,double z)
{
  y- = 1.0;z= z+ x;return z;
}
void main( )
{
  double a= 2.5,b= 9.0;
  printf("% f\n",sub(b- a,a,a));
}
```

(3)以下程序的输出结果是________　________。

```
# include < stdio.h>
int fun2(int a,int b)
{
  int c;
  c= (a* b)% 3; return c;
}
int fun1(int a,int b)
{
  int c;
  a+ = a; b+ = b; c= fun2(a,b);
  return c* c;
}
void main( )
{
  int x= 11,y= 19;
  printf("% d\n",fun1(x,y));
}
```

(4)以下程序的功能是,通过函数 func 输入字符并统计输入字符的个数,输入时用字符@作为结束标志。请填空。

```
# include< stdio.h>
void main( )
{
long (________________) ;
long n;
n= func();
printf("n= % d\n",n);
```

```
}
long func()
{long m;
for(m= 0;getchar()! = '@ ';(____________));
return m;
}
```

(5)有以下程序：

```
# include< stdio.h>
void fun(int p)
{
int d= 2;
p= d+ + ;printf("% d",p);}
main( )
{
int a= 1;
fun(a);printf("% d\n",a);
}
```

运行结果为________。

(6)有以下程序：

```
# include< stdio.h>
int a= 5;
void fun(int b)
{
int a= 10;
a+ = b;printf("% d",a);
}
void main( )
{
int c= 20;
fun(c);
a+ = c;printf("% d\n",a);
}
```

运行结果为________。

三、程序改错和编程题

(1)下面的 fun 函数用以判断 n 是否是素数。fun 函数中有逻辑错误，请调试并改正。

```
int fun(int n)
{
int k, yes;
for(k= 2;k< = n/2;k+ + )
```

```
        if(n% k= = 0) yes= 0;
        else yes= 1;
    return yes;
    }
```

(2)编写函数 int mymod(int a,int b)用以求 a 被 b 除之后的余数。

(3)编写函数,根据整型形参 n 的值,计算如下公式的值:

$$1-\frac{1}{2}+\frac{1}{3}-\frac{1}{4}+\frac{1}{5}-\frac{1}{6}+\frac{1}{7}-\cdots+(-1)^{n+1}\frac{1}{n}$$

(4)编写函数,根据整型形参 m 的值,计算如下公式的值:

$$t=1-\frac{1}{2\times2}-\frac{1}{3\times3}-\cdots-\frac{1}{m\times m}$$

例如,m=5,则应输出 0.536389。

第7章 指针

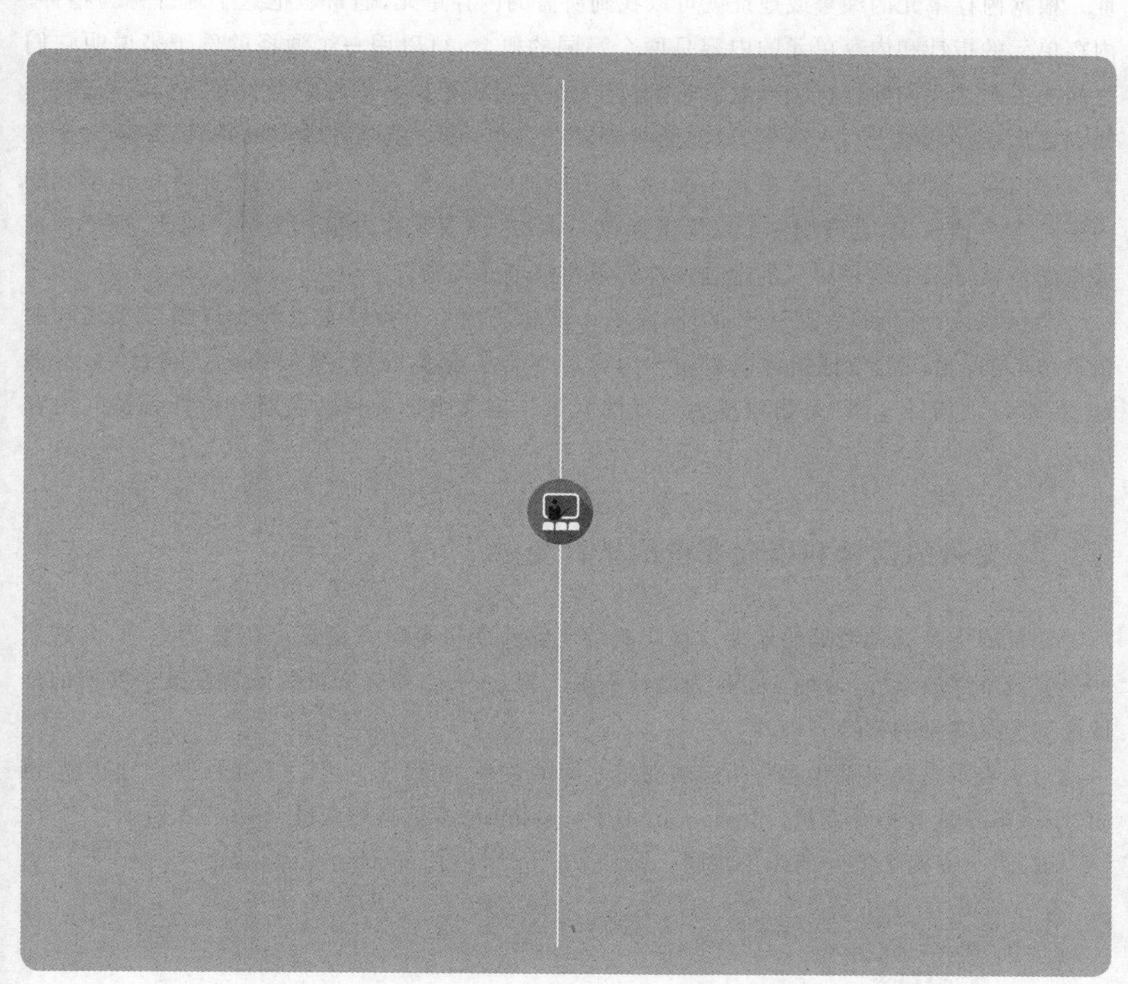

指针是C语言中广泛使用的一种数据类型。运用指针编程是C语言最主要的风格之一。利用指针变量能够表示各种复杂的数据结构，能够很方便地使用数组和字符串，能够动态地分配内存空间，能够自由地在函数间传递各种类型的数据，从而编出精练而高效的程序。指针极大地丰富了C语言的功能。许多程序员之所以喜欢C语言，在很大程度上是因为指针。指针可以说是C语言中最有特色的内容，每一个想掌握C语言的人都应该深入研究指针，灵活准确地应用它，真正掌握C语言的精髓。本章主要介绍C语言的指针变量、指针运算、指针与函数参数、指针与数组的关系，以及指针数组和指向数组的指针等概念。学习完本章，应熟练掌握指针的概念，掌握有关指针的各种操作，并灵活地运用。

7.1 地址指针的基本概念

在计算机中，所有的数据都是存放在存储器中的。一般把存储器中的一个字节称为一个内存单元，不同的数据类型所占用的内存单元数不等，如整型量占 2 个单元，字符量占 1 个单元等，在前面已有详细的介绍。为了正确地访问这些内存单元，必须为每个内存单元编上号。根据一个内存单元的编号即可准确地找到该内存单元。内存单元的编号也叫作地址。根据内存单元的编号或地址就可以找到所需的内存单元，通常也把这个地址称为指针。内存单元的指针和内存单元的内容是两个不同的概念，可以用一个通俗的例子来说明它们之间的关系。我们到银行去存取款时，银行工作人员将根据我们的账号去找我们的存款单，找到之后在存款单上写入存款、取款的金额。在这里，账号就是存款单的指针，存款数是存款单的内容。对于一个内存单元来说，单元的地址即为指针，其中存放的数据才是该单元的内容。在C语言中，允许用一个变量来存放指针，这种变量称为指针变量。因此，一个指针变量的值就是某个内存单元的地址或称为某内存单元的指针。

严格地说，一个指针是一个地址，是一个常量。而一个指针变量却可以被赋予不同的指针值，是变量。但常把指针变量简称为指针。为了避免混淆，我们约定："指针"是指地址，是常量；"指针变量"是指取值为地址的变量。定义指针的目的是通过指针去访问内存单元。

7.2 变量的指针和指向变量的指针变量

变量的指针就是变量的地址。存放变量地址的变量是指针变量。在C语言中，允许用一个变量来存放指针，这种变量称为指针变量。因此，一个指针变量的值就是某个变量的地址或称为某变量的指针。

为了表示指针变量和它所指向的变量之间的关系，在程序中用"*"符号表示"指向"，例如，i_pointer 代表指针变量，而 * i_pointer 是 i_pointer 所指向的变量，如图 7-1 所示。

因此，下面两个语句的作用相同：

```
i= 3;
* i_pointer= 3;
```

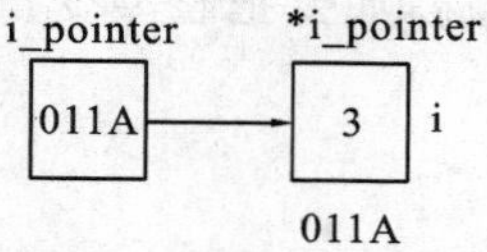

图 7-1 指针和指针变量关系图

第二个语句的含义是将 3 赋给指针变量 i_pointer 所指向的变量。

7.2.1 定义一个指针变量

对指针变量的定义包括下面三个内容：

(1)指针类型说明，即定义变量为一个指针变量；

(2)指针变量名；

(3)变量值(指针)所指向的变量的数据类型。

其一般形式为：

类型说明符 *变量名；

其中，*表示这是一个指针变量，变量名即为定义的指针变量名，类型说明符表示本指针变量所指向的变量的数据类型。例如：

```
int * p1;
```

表示 p1 是一个指针变量，它的值是某个整型变量的地址。或者说，p1 指向一个整型变量。至于 p1 究竟指向哪一个整型变量，应由向 p1 赋予的地址来决定。

再如：

```
int * p2;        /* p2 是指向整型变量的指针变量* /
float * p3;      /* p3 是指向浮点变量的指针变量* /
char * p4;       /* p4 是指向字符变量的指针变量* /
```

应该注意的是，一个指针变量只能指向同类型的变量，如 p3 只能指向浮点变量，不能时而指向一个浮点变量，时而又指向一个字符变量。

7.2.2 指针变量的引用

指针变量同普通变量一样，使用之前不仅要定义说明，而且必须赋予具体的值。未经赋值的指针变量不能使用，否则将造成系统混乱，甚至死机。指针变量的赋值只能赋予地址，决不能赋予任何其他数据，否则将引起错误。在 C 语言中，变量的地址是由编译系统分配的，用户不知道变量的具体地址。

两个有关的运算符：

(1)&：取地址运算符。

(2)*：指针运算符(或称间接访问运算符)。

C 语言提供了地址运算符 & 来表示变量的地址。

其一般形式为：

& 变量名；

如 &a 表示变量 a 的地址，&b 表示变量 b 的地址。变量本身必须预先说明。

设有指向整型变量的指针变量 p，如要把整型变量 a 的地址赋予 p，可以有以下两种方式：

(1)指针变量初始化的方法：

```
int a;
int * p= &a;
```

(2)赋值语句的方法：

```
int a;
int * p;
p= &a;
```

不允许把一个数赋予指针变量，故下面的赋值是错误的：

```
int * p;
p= 1000;
```

被赋值的指针变量前不能再加“ * ”说明符，如写为 * p=&a 也是错误的。

假设：

```
int i= 200, x;
int * ip;
```

我们定义了两个整型变量 i，x，还定义了一个指向整型变量的指针变量 ip。i，x 中可存放整数，而 ip 中只能存放整型变量的地址。我们可以把 i 的地址赋给 ip，即 ip=&i；此时指针变量 ip 指向整型变量 i。假设变量 i 的地址为 1800，这个赋值可形象地理解为图 7-2 所示的联系。

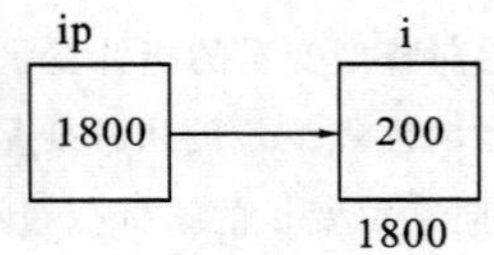

图 7-2 变量和指针变量关系图

以后我们便可以通过指针变量 ip 间接访问变量 i。

例如：

```
x= * ip;
```

运算符 * 访问以 ip 为地址的存储区域，而 ip 中存放的是变量 i 的地址，因此，* ip 访问的是地址为 1800 的存储区域(因为是整数，实际上是从 1800 开始的两个字节)，它就是 i 所占用的存储区域，所以上面的赋值表达式等价于“x=i;”。

【例 7.1】 指针取地址运算和间接访问运算。

```
# include < stdio.h>
int main ()
{
    int a =  3, * p;                /* 定义整型变量 a 和整型指针 p * /
    p =  &a;                      /*  把变量 a 的地址赋给指针 p,即 p 指向 a* /
    printf ("a= % d, * p= % d\n", a, * p);/* 输出变量 a 的值和指针 p 所指向变量的值* /
```

```
    * p= 10;          /* 对指针 p 所指向的变量赋值,相当于对变量 a 赋值 * /
    printf("a= % d, * p= % d\n", a, * p);
    printf("Enter a: ");
    scanf("% d", &a);         /* 输入 a * /
    printf("a= % d, * p= % d\n", a, * p);
    (* p) + + ;              /* 指针指向的变量加 1  * /
    printf("a= % d, * p= % d\n", a, * p);
    return 0;
}
```

运行结果为：

```
a=3, *p=3
a=10, *p=10
Enter a: 10
a=10, *p=10
a=11, *p=11
Press any key to continue
```

【例 7.2】 输入 a 和 b 两个整数,按先大后小的顺序输出 a 和 b。

源程序如下：

```
# include < stdio.h>
int main( )
{
    int * p1,* p2,* p,a,b;
    scanf("% d,% d",&a,&b);
    p1= &a;p2= &b;
    if(a< b)
    {p= p1;p1= p2;p2= p;}
    printf("\na= % d,b= % d\n",a,b);
    printf("max= % d,min= % d\n",* p1, * p2);
    return 0;
}
```

运行结果为：

```
58,96

a=58,b=96
max=96,min=58
Press any key to continue
```

7.2.3 指针变量作为函数参数

函数的参数不仅可以是整型、实型、字符型等数据,还可以是指针类型。当指针变量作为函数参数时,其作用是将一个变量的地址传送到另一个函数中。此时形式参数指向的变量发生变化时,实参指向的变量也随之变化。因此,指针变量做函数参数时,不需返回值和全局变量,主调函数就可以通过被调函数改变其变量的值。

【例 7.3】 输入 a 和 b 两个数,按先大后小的顺序输出 a 和 b。用函数实现。

源程序如下：

```
# include < stdio.h>
int main( )
{
    int a= 3,b= 4;
    int * p1,* p2;
    p1= &a;
    p2= &b;
    if (a< b) swap(p1, p2);
    printf("% d,% d\n",a,b);
    return 0;
}
swap(int * pt1,int * pt2)
{
    int temp;
    temp= * pt1;
    * pt1= * pt2;
    * pt2= temp;
}
```

运行结果为：

```
4,3
Press any key to continue
```

分析：

(1)swap 函数的作用是交换两个变量的值。

(2)在主函数中,先将指针变量 p1 指向 a,p2 指向 b;接着执行 if 语句,因为 a<b,所以调用 swap 函数,将实际参数 p1 和 p2 的值分别传给形式参数 pt1 和 pt2,因此 pt1 也指向 a,pt2 也指向 b。

(3)在 swap 函数中,交换 * pt1 和 * pt2 的值,也就是交换 a 和 b 的值,此时 pt1,pt2 仍然指向 a,b。

(4)函数调用结束后,回到主函数中。形式参数 pt1 和 pt2 被释放。

(5)由于实际参数和形式参数之间是单向的值传递,所以要通过被调函数改变主调函数中变量的值,不能通过要改变值的变量做函数参数实现,而应该用指向该变量的指针变量做函数参数。此外注意:如果改变的不是指针形参指向的变量的值,而是改变了指针形参的值,效果不同。如果将以上程序中的 swap 函数换成下列语句:

```
swap(int * pt1,int * pt2)
{
    int * temp;
    temp= pt1;
```

```
        pt1= pt2;
        pt2= temp;
    }
```

则输出 a,b 的值保持初始值不发生改变。

【例 7.4】 输入 a、b、c 这 3 个整数，按从大到小的顺序输出。用函数实现。

源程序如下：

```
    # include < stdio.h>
    int main( )
    {
        int a,b,c,* p1,* p2,* p3;
        scanf("% d,% d,% d",&a,&b,&c);
        p1= &a;
        p2= &b;
        p3= &c;
        exchange(p1,p2,p3);
        printf("\n% d,% d,% d \n",a,b,c);
        return 0;
    }
    swap(int * pt1,int * pt2)
    {
        int temp;
        temp= * pt1;
        * pt1= * pt2;
        * pt2= temp;
    }
    exchange(int * q1,int * q2,int * q3)
    {
        if(* q1< * q2)swap(q1,q2);
        if(* q1< * q3)swap(q1,q3);
        if(* q2< * q3)swap(q2,q3);
    }
```

运行结果为：

```
32,25,68

68,32,25
Press any key to continue
```

分析：

exchange 函数的作用是对 3 个数按大小排序，在执行 exchange 函数的过程中，要嵌套调用 swap 函数，swap 函数的作用是对两个数按大小排序，通过调用 swap 函数实现 3 个数的排序。

关于指针变量的进一步说明：

指针变量可以进行某些运算，但其运算的种类是有限的。它只能进行赋值运算和部分算术运算及关系运算。

1. 指针运算符

①取地址运算符 & 是单目运算符，其结合性为自右至左，其功能是取变量的地址。在 scanf 函数及前面介绍指针变量赋值中，我们已经了解并使用了 & 运算符。

②取内容运算符 * 是单目运算符，其结合性为自右至左，用来表示指针变量所指的变量。在 * 运算符之后跟的变量必须是指针变量。

需要注意的是，指针运算符 * 和指针变量说明中的指针说明符 * 不是一回事。在指针变量说明中，* 是类型说明符，表示其后的变量是指针类型。而表达式中出现的 * 则是一个运算符，用以表示指针变量所指的变量。

2. 指针变量的运算

(1)赋值运算。

指针变量的赋值运算有以下几种形式。

• 指针变量初始化赋值，前面已做介绍。

• 把一个变量的地址赋予指向相同数据类型的指针变量。例如：

```
int a,* pa;
pa= &a;     /* 把整型变量 a 的地址赋予整型指针变量 pa* /
```

• 把一个指针变量的值赋予指向相同类型变量的另一个指针变量。例如：

```
int a,* pa= &a,* pb;
pb= pa;     /* 把 a 的地址赋予指针变量 pb* /
```

由于 pa,pb 均为指向整型变量的指针变量，因此可以相互赋值。

• 把数组的首地址赋予指向数组的指针变量。例如：

```
int a[5],* pa;
pa= a;
```

数组名表示数组的首地址，故可赋予指向数组的指针变量 pa。

也可写为：

```
pa= &a[0];/* 数组第一个元素的地址也是整个数组的首地址，也可赋予 pa* /
```

当然也可采取初始化赋值的方法：

```
int a[5],* pa= a;
```

• 把字符串的首地址赋予指向字符类型的指针变量。例如：

```
char * pc;
pc= "C Language";
```

或用初始化赋值的方法写为：

```
char * pc= "C Language";
```

这里应说明的是，并不是把整个字符串装入指针变量，而是把存放该字符串的字符数组的首地址装入指针变量。在后面还将详细介绍。

• 把函数的入口地址赋予指向函数的指针变量。例如：

```
int (* pf)();
pf= f;      /* f为函数名* /
```

(2)加减算术运算。

对于指向数组的指针变量,可以加上或减去一个整数 n。设 pa 是指向数组 a 的指针变量,则 pa＋n,pa－n,pa＋＋,＋＋pa,pa－－,－－pa 运算都是合法的。指针变量加或减一个整数 n 的意义是把指针指向的当前位置(指向某数组元素)向前或向后移动 n 个位置。应该注意,数组指针变量向前或向后移动一个位置和地址加 1 或减 1 在概念上是不同的。因为数组可以有不同的类型,各种类型的数组元素所占的字节长度是不同的。如指针变量加 1,即向后移动 1 个位置表示指针变量指向下一个数据元素的首地址,而不是在原地址基础上加 1。例如:

```
int a[5],* pa;
pa= a;        /* pa 指向数组 a,即指向 a[0]* /
pa= pa+ 2;   /* pa 指向 a[2],即 pa 的值为 &pa[2]* /
```

指针变量的加减运算只能对数组指针变量进行,对指向其他类型变量的指针变量做加减运算是毫无意义的。

(3)两个指针变量之间的运算:只有指向同一数组的两个指针变量之间才能进行运算,否则运算毫无意义。

【例 7.5】

```
# include < stdio.h>
int main( )
{
    int a= 10,b= 20,s,t,* pa,* pb; /* 说明 pa,pb 为整型指针变量* /
    pa= &a;                       /* 给指针变量 pa 赋值,pa 指向变量 a* /
    pb= &b;                       /* 给指针变量 pb 赋值,pb 指向变量 b* /
    s= * pa+ * pb;                  /* 求 a+ b 之和,(* pa 就是 a,* pb 就是 b)* /
    t= * pa* * pb;                  /* 本行是求 a* b 之积* /
    printf("a= % d\nb= % d\na+ b= % d\na* b= % d\n",a,b,a+ b,a* b);
    printf("s= % d\nt= % d\n",s,t);
    return 0;
}
```

运行结果为:

```
a=10
b=20
a+b=30
a*b=200
s=30
t=200
Press any key to continue
```

【例 7.6】

```
# include < stdio.h>
int main( )
```

```
    {
        int a,b,c,* pmax,* pmin;           /* pmax,pmin 为整型指针变量* /
        printf("input three numbers:\n");  /* 输入提示* /
        scanf("% d% d% d",&a,&b,&c);       /* 输入三个数字* /
        if(a> b)
        {                                  /* 如果第一个数字大于第二个数字* /
            pmax= &a;                      /* 指针变量赋值* /
            pmin= &b;                      /* 指针变量赋值* /
        }
        else
        {
            pmax= &b;                      /* 指针变量赋值* /
            pmin= &a;                      /* 指针变量赋值* /
        }
        if(c> * pmax) pmax= &c;            /* 判断并赋值* /
        if(c< * pmin) pmin= &c;            /* 判断并赋值* /
        printf("max= % d\nmin= % d\n",* pmax,* pmin); /* 输出结果* /
        return 0;
    }
```

运行结果为：

```
input three numbers:
56 32 48
max=56
min=32
```

7.3 数组指针和指向数组的指针变量

任何变量都占有存储单元，都有地址。数组及其元素同样占有存储单元，都有相应的地址。因此，指针变量可以指向数组，也可以指向数组元素。其中指向数组的指针是数组的首地址，指向数组元素的指针则是数组元素的地址。

7.3.1 指向数组元素的指针

一个数组是由连续的一块内存单元组成的。数组名就是这块连续内存单元的首地址。一个数组也是由各个数组元素(下标变量)组成的。每个数组元素按其类型不同占有几个连续的内存单元。一个数组元素的首地址也是指它所占有的几个内存单元的首地址。

定义一个指向数组元素的指针变量的方法，与以前介绍的指针变量相同。例如：

```
int a[10];  /* 定义 a 为包含 10 个整型数据的数组* /
int * p;    /* 定义 p 为指向整型变量的指针* /
```

应当注意，因为数组为 int 型，所以指针变量也应为指向 int 型的指针变量。下面是对指针变量赋值：p=&a[0]；代表把 a[0]元素的地址赋给指针变量 p。也就是说，p 指向 a 数组的第 0 号元素。

C语言规定，数组名代表数组的首地址，也就是第0号元素的地址。因此，下面两个语句等价：

```
p= &a[0];
p= a;
```

在定义指针变量时可以赋给初值：

```
int * p= &a[0];
```

它等效于：

```
int * p;
p= &a[0];
```

当然定义时也可以写成：

```
int * p= a;
```

p，a，&a[0]均指向同一单元，它们是数组a的首地址，也是第0号元素a[0]的地址。应该说明的是，p是变量，而a，&a[0]都是常量，在编程时应予以注意。

数组指针变量说明的一般形式为：

类型说明符 ＊指针变量名；

其中类型说明符表示所指向数组的类型。从一般形式可以看出，指向数组的指针变量和指向普通变量的指针变量的说明是相同的。

7.3.2 通过指针引用数组元素

C语言规定：如果指针变量p已指向数组中的一个元素，则p＋1指向同一数组中的下一个元素。引入指针变量后，就可以用两种方法来访问数组元素了。

如果p的初值为&a[0]，则：

(1)p＋i和a＋i就是a[i]的地址，或者说它们指向a数组的第i个元素，如图7-3所示。

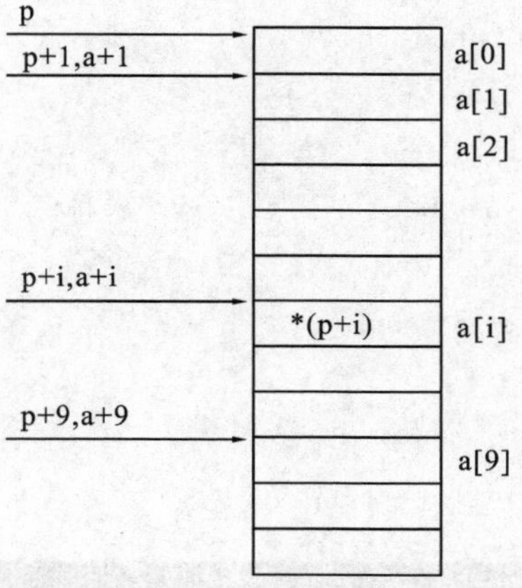

图7-3 指针引用数组元素示意图

(2)＊(p＋i)或＊(a＋i)就是p＋i或a＋i所指向的数组元素，即a[i]。例如，＊(p＋5)或＊(a＋5)就是a[5]。

指向数组的指针变量也可以带下标，如p[i]与＊(p＋i)等价。

根据以上叙述，引用一个数组元素可以用：

(1)下标法，即用 a[i]形式访问数组元素。在前面介绍数组时都是采用这种方法。

(2)指针法，即采用 *(a+i)或 *(p+i)形式，用间接访问的方法来访问数组元素，其中 a 是数组名，p 是指向数组的指针变量，其初值 p=a。

【例 7.7】 输出数组中的全部元素。

```
# include < stdio.h>
int main( )
{
    int a[10],i;
    for(i= 0;i< 10;i+ + )
        a[i]= i;
    for(i= 0;i< 5;i+ + )
        printf("a[% d]= % d\n",i,a[i]);
    return 0;
}
```

运行结果为：

【例 7.8】 输入 10 个整数作为数组元素，计算并输出它们的和。

```
# include < stdio.h>
int main( )
{
    int i, a[10], * p;
    long sum =  0;
    printf("Enter 10 integers: ");
    for(i =  0; i <  10; i+ + )
    scanf("% d", &a[i]);
    for(p =  a; p < =  a+ 9; p+ + )        /* 求和* /
    sum =  sum +  * p;
    printf("sum= % ld \n", sum);
    return 0;
}
```

运行结果如下：

```
Enter 10 integers: 1 2 3 4 5 6 7 8 9 10
sum=55
Press any key to continue
```

7.3.3 数组名做函数参数

在第 6 章函数中数组名作为函数参数的情况，如：

```
# include< stdio.h>
void main()
{
    int array[10];
    ……
    f(array,10);
    ……
  }
  f(int arr[],int n);
  {
    ……
}
```

array 为实参数组名,arr 为形参数组名。在学习指针变量之后就更容易理解这个问题了。数组名就是数组的首地址,实参向形参传送数组名实际上就是传送数组的地址,形参得到该地址后也指向同一数组。这就好像同一件物品有两个彼此不同的名称一样。

同样,指针变量的值也是地址,数组指针变量的值即为数组的首地址,当然也可作为函数的参数使用。

【例 7.9】 将数组 a 中的 n 个整数按相反顺序存放。

分析:

将 a[0]与 a[n－1]对换,再将 a[1]与 a[n－2] 对换,直到将 a[(n－1)/2]与 a[n－int((n－1)/2)]对换。今用循环处理此问题,设两个"位置指示变量"i 和 j,i 的初值为 0,j 的初值为 n－1。将 a[i]与 a[j]交换,然后使 i 的值加 1,j 的值减 1,再将 a[i]与 a[j]交换,直到 i＝(n－1)/2 为止,分析如图 7-4 所示。

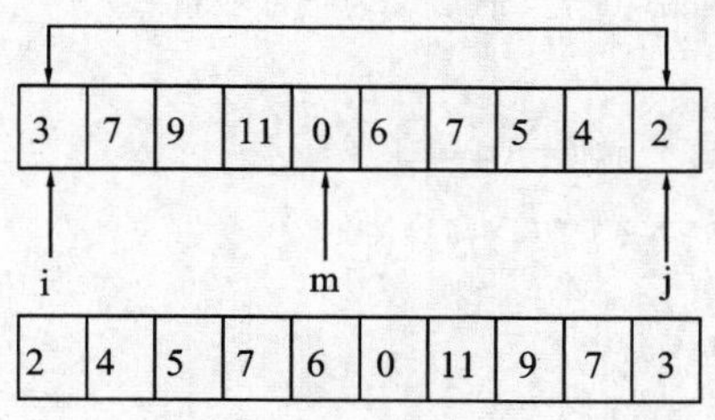

图 7-4　例 7.9 分析图

程序如下:

```
# include < stdio.h>
void inv(int x[],int n)   /* 形参 x 是数组名* /
{
    int temp,i,j,m= (n- 1)/2;
    for(i= 0;i< = m;i+ + )
    {
```

```
        j= n- 1- i;
        temp= x[i];x[i]= x[j];x[j]= temp;}
}
int main()
{
    int i,a[10]= {3,7,9,11,0,6,7,5,4,2};
    printf("The original array:\n");
    for(i= 0;i< 10;i+ + )
        printf("% d,",a[i]);
    printf("\n");
    inv(a,10);
    printf("The array has been inverted:\n");
    for(i= 0;i< 10;i+ + )
        printf("% d,",a[i]);
    printf("\n");
    return 0;
}
```

运行结果为：

```
The original array:
3,7,9,11,0,6,7,5,4,2,
The array has been inverted:
2,4,5,7,6,0,11,9,7,3,
Press any key to continue
```

对上述程序可以做一些改动。将函数 inv 中的形参 x 改成指针变量。

改动部分如下：

```
void inv(int * x,int n)    /* 形参 x 为指针变量* /
{
    int * p,temp,* i,* j,m= (n- 1)/2;
    i= x;j= x+ n- 1;p= x+ m;
    for(;i< = p;i+ + ,j- - )
    {
        temp= * i;* i= * j;* j= temp;
    }
}
```

程序其他部分同例 7.9。

【例 7.10】 从 10 个数中找出其中最大值和最小值。

分析：

调用一个函数只能得到一个返回值，用全局变量在函数之间“传递”数据。

程序如下：

```
# include < stdio.h>
int max,min;    /* 全局变量* /
void max_min_value(int array[],int n)
{
    int * p,* array_end;
    array_end= array+ n;
    max= min= * array;
    for(p= array+ 1;p< array_end;p+ + )
        if(* p> max)max= * p;
        else if (* p< min)min= * p;
}
int main()
{
    int i,number[10];
    printf("enter 10 integer numbers:\n");
    for(i= 0;i< 10;i+ + )
        scanf("% d",&number[i]);
    max_min_value(number,10);
    printf("\nmax= % d,min= % d\n",max,min);
    return 0;
}
```

运行结果为：

```
enter 10 integer numbers:
5 12 36 56 23 9 63 74 41 14

max=74,min=5
Press any key to continue
```

说明：

(1)在函数 max_min_value 中求出的最大值和最小值放在 max 和 min 中。它们是全局变量，因此在主函数中可以直接使用。

(2)在函数 max_min_value 中的语句“max＝min＝ ＊ array;”中，array 是数组名，它接收从实参传来的数组 number 的首地址。＊array 相当于＊(&array[0])。上述语句与“max＝min＝array[0];”等价。

(3)在执行 for 循环时，p 的初值为 array＋1，也就是使 p 指向 array[1]。以后每次执行 p＋＋，使 p 指向下一个元素。每次将＊p 和 max 与 min 比较，将大者放入 max，小者放入 min。

(4)函数 max_min_value 的形参 array 可以改为指针变量类型。实参也可以不用数组名，而用指针变量传递地址。

归纳起来，如果有一个实参数组，想在函数中改变此数组的元素的值，实参与形参的对应关系有以下 4 种：

(1)形参和实参都是数组名。

```
main()
{
  int a[10];
  ……
  f(a,10)
  ……
  f(int x[],int n)
  {
  ……
  }
}
```

a 和 x 指的是同一组数组。

(2)使用数组,形参用指针变量。

```
void main()
{
int a[10];
  ……
f(a,10)
  ……
f(int * x,int n)
{
……
}
}
```

(3)实参、形参都用指针变量。

(4)实参为指针变量,形参为数组名。

7.3.4 指向多维数组的指针和指针变量

本小节以二维数组为例介绍多维数组的指针变量。

1. 多维数组地址的表示

设有整型二维数组 a[3][4]如下:

0　1　2　3

4　5　6　7

8　9　10　11

设数组 a 的首地址为 1000。C 语言允许把一个二维数组分解为多个一维数组来处理。因此,数组 a 可分解为三个一维数组,即 a[0],a[1],a[2]。每一个一维数组又含有四个元素。例如 a[0]数组,含有 a[0][0],a[0][1],a[0][2],a[0][3]四个元素。数组及数组元素的地址表示如下:a 是二维数组名,也是二维数组 0 行的首地址,等于 1000。a[0]是第一个一维数组的数组名和首地址，因此也为1000。*(a+0)或*a是与a[0]等效的，它表示一维数组a[0]第0号元素的首地址，也为1000。&a[0][0]是二维数组a的第0行第0列元素的首地址，同样是1000。因此，a,a[0],*(a+0),*a,&a[0][0]是相等的。同理，a+1是二维数组第1行的首地址，等于1008。a[1]是第二个一维数组的数组名和首地址，因此也为1008。&a[1][0]是二维数组a的第1行第0列元素地址，也是1008。因此，a+1,a[1],*(a+1),&a[1][0]是等同的。由此可得出：a+i,a[i],*(a+i),&a[i][0]是等同的。此外，&a[i]和a[i]也是等同的。因为在二维数组中不能把&a[i]理解为元素a[i]的地址，不存在元素a[i]。

C语言规定，&a[i]是一种地址计算方法，表示数组a第i行首地址。由此，我们得出：a[i],&a[i],*(a+i)和a+i也都是等同的。另外，a[0]也可以看成是a[0]+0,是一维数组a[0]的第0号元素的首地址，而a[0]+1则是a[0]的第1号元素首地址，由此可得出，a[i]+j是一维数组a[i]的第j号元素首地址，它等于&a[i][j]。由a[i]=*(a+i)得a[i]+j=*(a+i)+j,由于*(a+i)+j是二维数组a的第i行第j列元素的首地址，故该元素的值等于*(*(a+i)+j)。

2. 多维数组的指针变量

把二维数组a分解为一维数组a[0],a[1],a[2]之后，设p为指向二维数组的指针变量。可定义为int (*p)[4],它表示p是一个指针变量，它指向二维数组a或指向第一个一维数组a[0],其值等于a,a[0],或&a[0][0]等。而p+i则指向一维数组a[i]。从前面的分析可得出，*(p+i)+j是二维数组第i行第j列的元素的地址，而*(*(p+i)+j)则是第i行第j列元素的值。

二维数组指针变量说明的一般形式为：

类型说明符 (*指针变量名)[长度]

其中类型说明符为所指数组的数据类型。*表示其后的变量是指针类型。长度表示二维数组分解为多个一维数组时，一维数组的长度，也就是二维数组的列数。应注意(*指针变量名)两边的括号不可少，如缺少括号则表示是指针数组，意义就完全不同了。

【例7.11】

```
#include<stdio.h>
int main()
{
    static int a[3][4]={0,1,2,3,4,5,6,7,8,9,10,11};
    int(*p)[4];
    int i,j;
    p=a;
    for(i=0;i<3;i++)
    for(j=0;j<4;j++) printf("%2d ",*(*(p+i)+j));
    return 0;
}
```

运行结果为：

```
0 1 2 3 4 5 6 7 8 9 10 11 Press any key to continue
```

7.4 指向字符串的指针变量

在C语言中，可以用两种方法访问一个字符串。

(1)用字符数组存放一个字符串，然后输出该字符串。

程序如下：

```
int main()
{
    char string[]= "I love C!";
    printf("% s\n",string);
    return 0;
}
```

说明：和前面介绍的数组属性一样，string 是数组名，它代表字符数组的首地址。

(2)用字符串指针指向一个字符串。

程序如下：

```
int main()
{
    char * string= "I love C!";
    printf("% s\n",string);
    return 0;
}
```

字符串指针变量的定义说明与指向字符变量的指针变量说明是相同的。只能按对指针变量的赋值不同来区别。对指向字符变量的指针变量应赋予该字符变量的地址。

如：char c，* p=&c；表示 p 是一个指向字符变量 c 的指针变量。而 char * s=“C Language”；则表示 s 是一个指向字符串的指针变量，把字符串的首地址赋予 s。

上例中，首先定义 string 是一个字符指针变量，然后把字符串的首地址赋予 string(应写出整个字符串，以便编译系统把该串装入连续的一块内存单元)，并把首地址送入 string。程序中的：

```
char * ps= "C Language";
```

等效于：

```
char * ps;
ps= "C Language";
```

【例 7.12】 输出字符串中 n 个字符后的所有字符。

```
# include< stdio.h>
int main()
{
```

```
    char * ps= "this is a book";
    int n= 10;
    ps= ps+ n;
    printf("% s\n",ps);
    return 0;
}
```

运行结果为：

```
book
Press any key to continue
```

在程序中对 ps 初始化时，即把字符串首地址赋予 ps，当 ps＝ ps＋10 之后，ps 指向字符“b”，因此输出为“book”。

【例 7.13】 在输入的字符串中查找有无‘k’字符。

```
# include< stdio.h>
void  main()
{
char st[20],* ps;
int i;
printf("input a string:\n");
ps= st;
scanf("% s",ps);
for(i= 0;ps[i]! = '\0';i+ + )
    if(ps[i]= = 'k')
    {
        printf("there is a'k' in the string\n");
        break;
    }
    if(ps[i]= = '\0') printf("There is no'k' in the string\n");
    return 0;
}
```

运行结果为：

```
input a string:
how are you
There is no 'k' in the string
Press any key to continue
```

【例 7.14】 把字符串指针作为函数参数来使用。把一个字符串的内容复制到另一个字符串中，不能使用 strcpy 函数。函数 cpystr 的形参为两个字符指针变量。pss 指向源字符串，pds 指向目标字符串。注意表达式(* pds＝ * pss)！＝'\0 '的用法。

```
# include< stdio.h>
# include< string.h>
void  main()
```

```
{
    char * pa= "CHINA",b[10],* pb;
    pb= b;
    cpystr(pa,pb);
    printf("string a= % s\nstring b= % s\n",pa,pb);
    return 0;
}
cpystr(char * pss,char * pds)
{
    while((* pds= * pss)! = '\0')
    {
        pds+ + ;
        pss+ + ;
    }
}
```

运行结果为：

```
string a=CHINA
string b=CHINA
Press any key to continue
```

在本例中，程序完成了两项工作：一是把 pss 指向的源字符串复制到 pds 所指向的目标字符串中；二是判断所复制的字符是否为'\0 '，若是则表明源字符串结束，不再循环，否则，pds 和 pss 都加 1，指向下一字符。在主函数中，以指针变量 pa，pb 为实参，分别取得确定值后调用 cpystr 函数。由于采用的指针变量 pa 和 pss，pb 和 pds 均指向同一字符串，因此在主函数和 cpystr 函数中均可使用这些字符串。也可以把 cpystr 函数简化为以下形式：

```
cpystr(char * pss,char* pds)
{while ((* pds+ + = * pss+ + )! = '\0');}
```

即把指针的移动和赋值合并在一个语句中。进一步分析还可发现'\0 '的 ASCII 码为 0，对于 while 语句只看表达式的值为非 0 就循环，为 0 则结束循环，因此也可省去"！ ='\0 '"这一判断部分，而写为以下形式：

```
cprstr (char * pss,char * pds)
{while (* pdss+ + = * pss+ + );}
```

表达式的意义可解释为，源字符向目标字符赋值，移动指针，若所赋值为非 0 则循环，否则结束循环，这样使程序更加简洁。

7.5 函数指针变量

在 C 语言中，一个函数总是占用一段连续的内存区，而函数名就是该函数所占内存区的首地址。我们可以把函数的这个首地址赋予一个指针变量，使该指针变量指向该函数。然后通过指针变量就可以找到并调用这个函数。我们把这种指向函数的指针变量称为函数指针变量。

函数指针变量定义的一般形式为：

类型说明符 （* 指针变量名）()；

其中：类型说明符表示被指函数的返回值的类型，（* 指针变量名）表示“*”后面的变量是定义的指针变量，最后的空括号表示指针变量所指的是一个函数。

例如：

```
int (* pf)();
```

表示 pf 是一个指向函数入口的指针变量，该函数的返回值（函数值）是整型。

【例 7.15】

```
# include "stdio.h"
max(int a,int b)
{
    return a> b? a:b;
}
void main()
{
    int (* p)();
    p= max;
    printf("The max of〈3,4〉 is % d\n",(* p)(3,4));
}
```

运行结果为：

```
The max of(3,4) is 4
Press any key to continue
```

7.6 指针型函数

前面我们介绍过，所谓函数类型是指函数返回值的类型。在 C 语言中允许一个函数的返回值是一个指针（即地址），这种返回指针值的函数称为指针型函数。

定义指针型函数的一般形式为：

```
类型说明符 * 函数名(形参表)
{
    ……                /* 函数体 */
}
```

其中，函数名之前加“*”号，表明这是一个指针型函数，即返回值是一个指针。类型说明符表示了返回的指针值所指向的数据类型。

例如：

```
int * ap(int x,int y)
{
```

```
        ......          /* 函数体* /
    }
```

表示 ap 是一个返回指针值的指针型函数，它返回的指针指向一个整型变量。

7.7 指针综合举例和有关指针的数据类型的小结

7.7.1 指针综合举例

【例 7.16】 写出下述程序的运行结果。

```
# include< stdio.h>
# include< string.h>
void main()
{  int x= 1, y= 2, z= 3;
   int * p;
   p= &y;
   fun(x+ z, &y);
   printf("(1) % d  % d  % d\n", x, y, * p);
}
fun( int x, int * y)
{
   int z= 4;
   * p= * y+ z;
   x= * p- z;
   printf("(2) % d  % d  % d\n", x, * y, * p);
}
```

程序分析如下：

第一步：调用 fun 函数之前，进行了图 7-5 所示的操作：全局变量 p 指向 main 函数中的局部变量 y。

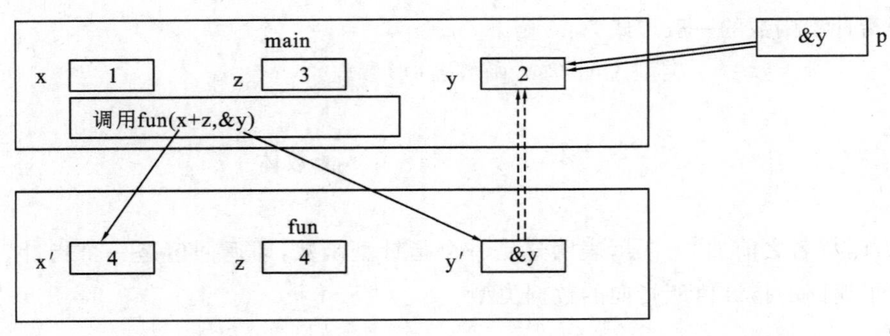

图 7-5　第一步操作

第二步：当发生函数调用时，实参向形参传递。这时，新开辟了整型变量 x 和指向 main 中的变量 y 的指针 y，显然，它和全局变量 p 一样指向了同一个单元。fun 函数中的 x、y 和

main 中的 x、y 是两个不同的变量，为了清晰地表示调用过程，图 7-6 用 x '、y '代替 fun 中的 x、y。

第三步：执行 fun 函数。按顺序先进行两个赋值运算："(1) ＊p＝＊y'＋z'；(2)x'＝＊p－z'；"，这时候，没有改变 p 的指向，而是改变了 p 所指向变量 y（main 中的变量 y）的数值，即"＊p＝＊y'＋z'；"等价与"y＝y＋z'；"，故 main 中的变量 y 等于 6；同时，因为＊p 的值改变，fun 函数的形参 x'的值因执行"x'＝＊p－z'；"语句而变为 2。该过程如图 7-6 所示。然后接着执行一个打印输出语句"printf("(2) %d　%d　%d\n", x', ＊y', ＊p);"，所以输出结果应为：(2)2　6　6。

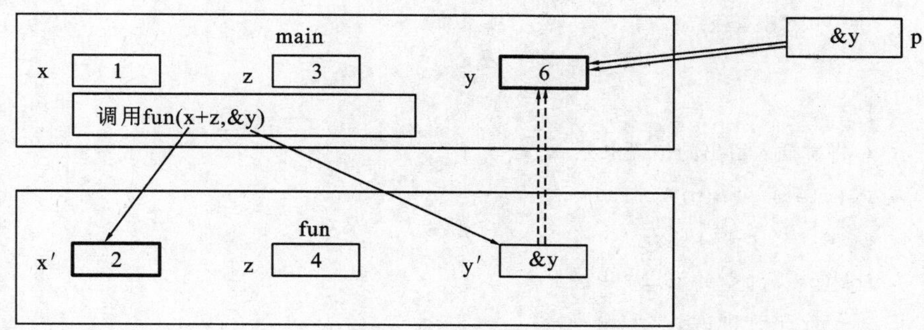

图 7-6　第二步和第三步操作

第四步：函数调用结束，返回主调函数。被调函数中的形参都消失，当然各种指向也消失。如图 7-7 所示，输出结果应该为：(1)1　6　6。

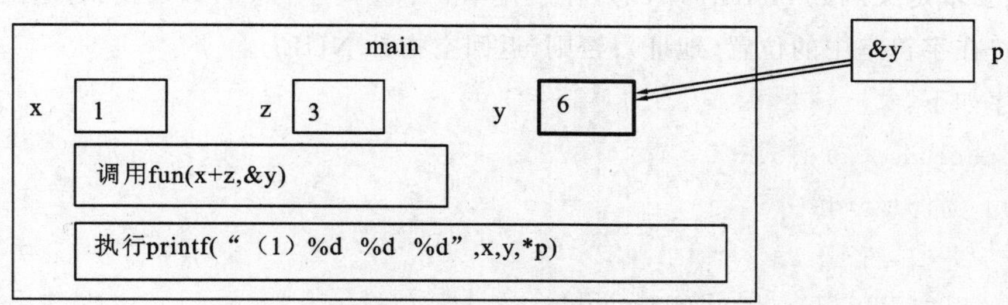

图 7-7　第四步操作

【例 7.17】　用指针实现：把一个整数插入数组 a[6]＝{1,3,5,7,9}中，插入后仍然保持数组由小到大的顺序。

源程序如下：

```
# include< stdio.h>
int main()
{
    int a[6]= {1,3,5,7,9};
    int * p,* q,x,flag= 0;
    printf("Please enter an int number:\n");
    scanf("% d",&x);
```

```
    for(p= a;p< a+ 6;p+ + )
    {
        //找到第一个比 x 大的值
        if(x< * p)
        {
            //将后面的值依次后移一位,为即将插入的 x 留出位置
            for(q= a+ 5;q> p;q- - )
                * q= * (q- 1);
            flag= 1;
            break;
        }
    }
    //将 x 插入留出的位置中
    if(flag)  * (p)= x;
    else  * (p- 1)= x;
    for(p= a;p< a+ 6;p+ + )
        printf("% d ",* p);
}
```

【例 7.18】 输入一个字符串和一个字符,如果该字符在字符串中,就从该字符首次出现的位置开始输出字符串中的字符。例如,输入字符 r 和字符串 program 后,输出 rogram。

提示:要求定义函数 match(s, ch),在字符串 s 中查找字符 ch,如果找到,返回第一次找到的该字符在字符串中的位置(地址);否则,返回空指针 NULL。

源程序如下:

```
# include < stdio.h>
int main(void)
{
    char ch, str[80], * p = NULL;
    printf("Please Input the string:\n"); /* 提示输入字符串 * /
    scanf("% s", str);
    getchar();  /* 跳过输入字符串和输入字符之间的分隔符 * /
    ch = getchar();  /* 输入一个字符 * /
    if((p = match(str, ch)) ! = NULL)      /* 调用函数 match() * /
        printf("% s\n", p);
    else
        printf("Not Found\n");
    return 0;
}
/* 查找字符串中的字符位置(指针作为函数的返回值示例)* /
char * match(char * s, char ch) /*  函数返回值的类型是字符指针 * /
```

```
{
    while(* s ! = '\0')
        if(* s = =  ch)
            return(s);  /* 若在字符串 s 中找到字符 ch,返回相应的地址 * /
        else
            s+ + ;
        return(NULL);  /* 在 s 中没有找到 ch,返回空指针 * /
}
```

由于函数 match(s, ch)返回一个地址,所以函数返回值的类型是指针。在函数 main()中,用指针 p 接收 match()返回的地址,如果 p 非空,调用函数 printf(),以%s 的格式输出 p。从 p 指向的存储单元开始,连续输出其中内容,直至字符串结束符'\0'为止。

【例 7.19】 某班有 4 个学生,5 门课程,成绩分别由键盘输入,编程实现:

(1)有两门以上课程不及格的学生,输出学生的学号和全部课程成绩及平均成绩。

(2)输出平均成绩在 90 分以上或全部课程成绩 85 分以上的学生。

要求用指针方法编程,使用 2 个函数实现以上 2 个要求。

源程序如下:

```
# include < stdio.h>
int main()
{
    void avsco(float * ,float * );
    void fali2(char course[5][10],int num[],float * pscore,float aver[4]);
    void good(char course[5][10],int num[4],float * pscore,float aver[4]);
    int i,j,* pnum,num[4];
    float score[4][5],aver[4],* pscore,* paver;
    char course[5][10],(* pcourse)[10];
    printf("input course:\n");
    pcourse= course;
    for (i= 0;i< 5;i+ + )
    scanf("% s",course[i]);
    printf("input NO. and scores:\n");
    printf("NO.");
    for (i= 0;i< 5;i+ + )
    printf(",% s",course[i]);
    printf("\n");
    pscore= &score[0][0];
    pnum= &num[0];
    for (i= 0;i< 4;i+ + )
{
    scanf("% d",pnum+ i);
```

```
        for (j= 0;j< 5;j+ + )
        scanf("% f",pscore+ 5* i+ j);
    }
        paver= &aver[0];
        printf("\n\n");
        avsco(pscore,paver);                     //求出每个学生的平均成绩
        printf("\n\n");
        fali2(pcourse,pnum,pscore,paver);        //找出 2 门课不及格的学生
        printf("\n\n");
        good(pcourse,pnum,pscore,paver);         //找出成绩好的学生
        return0;
    }
    void avsco(float * pscore,float * paver)  //求每个学生的平均成绩的函数
    {
        int i,j;
        float sum,average;
        for (i= 0;i< 4;i+ + )
    {
        sum= 0.0;
        for (j= 0;j< 5;j+ + )
        sum= sum+ (* (pscore+ 5* i+ j));         //累计每个学生的各科成绩
        average= sum/5;                          //计算平均成绩
        * (paver+ i)= average;
    }
    }
    void fali2(char course[5][10],int num[],float * pscore,float aver[4])
    //找两门以上课程不及格的学生的函数
    {
        int i,j,k,label1;
        printf(" = = = = = = = = = = Student who is fail in two courses= = = = = =
\n");
        printf("NO. ");
        for (i= 0;i< 5;i+ + )
        printf("% 11s",course[i]);
        printf("    average\n");
        for (i= 0;i< 4;i+ + )
     {
        label1= 0;
        for (j= 0;j< 5;j+ + )
        if (* (pscore+ 5* i+ j)< 60.0) label1+ + ;
```

```
     if (label> = 2)
   {  printf("% d",num[i]);
      for (k= 0;k< 5;k+ + )
      printf("% 11.2f",* (pscore+ 5* i+ k));
      printf("% 11.2f\n",aver[i]);
   }
   }
   }
   void good(char course[5][10],int num[4],float * pscore,float aver[4])
   //找成绩优秀学生的函数
   {
     int i,j,k,n;
     printf("         = = = = = = Students whose score is good= = = = = = \n");
     printf("NO. ");
     for (i= 0;i< 5;i+ + )
     printf("% 11s",course[i]);
     printf("    average\n");
     for (i= 0;i< 4;i+ + )
   {  n= 0;
      for (j= 0;j< 5;j+ + )
      if (* (pscore+ 5* i+ j)> 85.0) n+ + ;
            if ((n= = 5)||(aver[i]> = 90))
   {        printf("% d",num[i]);
            for (k= 0;k< 5;k+ + )
            printf("% 11.2f",* (pscore+ 5* i+ k));
            printf("% 11.2f\n",aver[i]);
   }
   }
   }
```

程序中定义 2 个函数实现以上 2 个要求,分别是:

```
void fali2(char course[5][10],int num[],float * pscore,float aver[4])
void good(char course[5][10],int num[4],float * pscore,float aver[4])
```

7.7.2 有关指针的数据类型的小结

有关指针的定义及其含义示例如表 7-1 所示。

表 7-1 有关指针的定义及其含义示例

定　义	含　义
int i;	定义整型变量 i
int * p;	p 为指向整型数据的指针变量

续表

定　义	含　义
int a[n];	定义整型数组 a,它有 n 个元素
int * p[n];	定义指针数组 p,它由 n 个指向整型数据的指针元素组成
int (* p)[n];	p 为指向含 n 个元素的一维数组的指针变量
int f();	f 为带回整型函数值的函数
int * p();	p 为带回一个指针的函数,该指针指向整型数据
int (* p)();	p 为指向函数的指针,该函数返回一个整型值
int * * p;	p 是一个指针变量,它指向一个指向整型数据的指针变量

7.7.3 总结

(1)指针是 C 语言中一个重要的组成部分,使用指针编程有以下优点:

①提高程序的编译效率和执行速度。

②通过指针可使用主调函数和被调函数之间共享变量或数据结构,便于实现双向数据通信。

③可以实现动态的存储分配。

④便于表示各种数据结构,编写高质量的程序。

(2)指针的运算。

①取地址运算符 &:求变量的地址。

②取内容运算符 *:表示指针所指的变量。

③赋值运算:

- 把变量地址赋予指针变量;
- 同类型指针变量相互赋值;
- 把数组、字符串的首地址赋予指针变量;
- 把函数入口地址赋予指针变量。

④加减运算。

对指向数组、字符串的指针变量可以进行加减运算,如 p+n,p-n,p++,p--等。对指向同一数组的两个指针变量可以相减。对指向其他类型的指针变量做加减运算是无意义的。

⑤关系运算。

指向同一数组的两个指针变量之间可以进行大于、小于、等于比较运算。指针可与 0 比较,p==0 表示 p 为空指针。

⑥有关指针的说明很多是由指针、数组、函数说明组合而成的。

但并不是可以任意组合,例如数组不能由函数组成,即数组元素不能是一个函数;函数也不能返回一个数组或返回另一个函数。例如 int a[5]();就是错误的。

本章作业

一、选择题

(1)有以下定义,则指针 pstr 所指字符串的长度为(　　)。

```
char * pstr= "\t\"1234\\abcd\n"
```

A. 15　　B. 14　　C. 13　　D. 12

(2)对于 char ＊＊pstr;以下正确的是(　　)。

A. ＊pstr＝"Hi"　　B. pstr＝"Hi"　　C. ＊pstr＝"Hi"　　D. ＊＊pstr＝"Hi"

(3)以下程序段的输出结果为(　　)。

```
char astr[5]= "1234";
char * pstr= astr;
printf("% c",pstr[1]- '0');
```

A. 1　　B. 2

C. ASCII 码值为 1 的字符　　D. ASCII 码值为 2 的字符

(4)以下程序段的输出结果为(　　)。

```
char astr[]= "abcde";
char * pstr= &astr[5];
while(- - pstr> = astr)
putchar(* pstr);
putchar('\n');
```

A. abc　　B. cba　　C. abcde　　D. edcba

(5)若有定义 int a＝1,＊b,c;以下不正确的是(　　)。

A. b＝a　　B. b＝&a

C. b＝&a,c＝＊b　　D. c＝a

(6)以下程序段的运行结果为(　　)。

```
int num[]= {1,2,3,4,5,6,7,8,9},* pnum= &num[2];
pnum+ + ;
+ + pnum;
printf("% d\n",* pnum);
```

A. 3　　B. 4　　C. 5　　D. 6

(7)以下程序段的运行结果为(　　)。

```
char * pstr= "My name is Tom";
int n= 0;
while(* pstr+ + ! = '\0')
  n+ + ;
printf("n= % d\n",n);
```

A. 12　　B. 14　　C. 16　　D. 不确定

(8)以下程序段的运行结果为(　　)。

```
int num[9]= {1,2,3,4,5,6,7,8,9},* p;
p= num;
* (p+ 1)= 0;
printf("% d,% d,% d\n",* p,p[1],(* p)+ + );
```

A. 2,0,1　　B. 1,0,1　　C. 2,2,2　　D. 1,1,1

(9)以下程序段的运行结果为(　　)。

```
int a= 5,* p= &a,b,* q;
a= 10;
* p= 15;
q= p;
* q= 20;
b= * q;
p= &b;
printf("a= % d,b= % d,* p= % d,* q= % d\n",a,b,* p,* q);
```

A. a=5,b=10,*p=15,*q=20

B. a=20,b=15,*p=10,*q=5

C. a=20,b=20,*p=20,*q=20

D. a=15,b=15,*p=15,*q=15

(10)已知 char *p,*q;以下语句正确的是(　　)。

A. p*5;　　B. p/=q;　　C. p+=5;　　D. p+=q;

(11)以下程序中调用 scanf 函数给变量 a 输入数值的方法是错误的,其错误原因是(　　)。

```
# include < stdio.h>
void main()
{
    int * p, * q, a, b;
    p= &a;
    printf("input a:");
    scanf("% d", * p);
    …
}
```

A. *p 表示的是指针变量 p 的地址

B. *p 表示的是变量 a 的值,而不是变量 a 的地址

C. *p 表示的是指针变量 p 的值

D. *p 只能用来说明 p 是一个指针变量

(12)下面程序的功能是从输入的十个字符串中找出最长的那个串。请在横线上填空。

```
# include "stdio.h"
# include "string.h"
# define N 10
int main()
{    char s[N][81], * t;
     int j;
     for (j= 0; j< N; j+ + )
     gets (s[j]);
     t= * s;
     for (j= 1; j< N; j+ + )
     if (strlen(t)< strlen(s[j]))  __________;
     printf("the max length of ten strings is: % d, % s\n", strlen(t), t);
}
```

A. t=s[j]　　B. t=&s[j]

C. t= s++　　D. t=s[j][0]

(13)下面判断正确的是(　　)。

A. char ＊s="girl"; 等价于 char ＊s; ＊s="girl";

B. char s[10]={"girl"}; 等价于 char s[10]; s[10]={"girl"};

C. char ＊s="girl"; 等价于 char ＊s; s="girl";

D. char s[4]= "boy", t[4]= "boy"; 等价于 char s[4]=t[4]= "boy"

(14)设 char ＊s="\ta\017bc";则指针变量 s 指向的字符串所占的字节数是(　　)。

A. 9　　B. 5　　C. 6　　D. 7

(15)下面程序段中,for 循环的执行次数是(　　)。

```
char * s= "\ta\018bc";
for (;* s! = '\0';s+ + ) printf("* ");
```

A. 9　　B. 5　　C. 6　　D. 7

(16)以下不能正确进行字符串赋初值的语句是(　　)。

A. char str[5]= "good!";　　B. char ＊str="good!";

C. char str[]="good!";　　D. char str[5]={'g', 'o','o', 'd'};

(17)若指针 p 已正确定义,要使 p 指向两个连续的整型动态存储单元,不正确的语句是(　　)。

A. p=2＊(int ＊)malloc(sizeof(int));

B. p=(int ＊)malloc(2＊sizeof(int));

C. p=(int ＊)malloc(2＊2);

D. p=(int＊)calloc(2, sizeof(int));

(18)下面程序段的运行结果是(　　)。

```
char * s= "abcde";
s+ = 2;
printf("% d", s);
```

A. cde　　B. 字符'c'

C. 字符'c'的地址　　D. 无确定的输出结果

(19)设有如下的程序段:char s[]="girl", *t;t=s;则下列叙述正确的是(　　)。

A. s和t完全相同

B. 数组s中的内容和指针变量t中的内容相等

C. s数组长度和t所指向的字符串长度相等

D. *t与s[0]相等

(20)以下正确的程序段是(　　)。

A. char s[20];
scanf("%s", &s);

B. char *s;
scanf("%s", s);

C. char s[20];
scanf("%s", &s[2]);

D. har s[20], *t=s;
scanf("%s", t[2]);

(21)下面程序段的运行结果是(　　)。

```
# include < stdio.h>
int main()
{    int m= 10, n= 20;
     char * format= "% s, m= % d, n= % d\n";
     m* = n;
     printf(format, "m* = n", m,n);
}
```

A. format, "m*=n", m, n　　B. format, "m*=n"

C. m*=n, m=200, n=20　　D. 以上结果都不对

(22)以下与库函数strcpy(char *p, char *q)功能不相等的程序段是(　　)。

A.
```
strcpy1(char * p, char * q)
{ while ((* p+ + = * q+ + )! = '\0');}
```

B.
```
strcpy2( char * p, char * q)
{   while((* p= * q)! = '\0')
        {p+ + ;      q+ + ;}}
```

C.
```
strcpy3(char * p, char * q)
{  while (* p+ + = * q+ + );}
```

D.
```
strcpy4( char * p, char * q)
      {   while(* p)
              * p+ + = * q+ + ;}
```

(23)下面程序段的运行结果是(　　)。

```
# include "stdio.h"
int main()
{    char s[]= "example!", * t;
     t= s;
     while( * t! ='p')
        {  printf("% c", * t- 32);
           t+ + ;
        }
}
```

A. EXAMPLE!　　B. example!

C. EXAM　　D. example!

(24)以下正确的程序段是(　　)。

A. char s[]="12345", t[]="6543d21";　　strcpy(s,t);

B. char s[20], * t="12345";　　strcat(s,t);

C. char s[20]=" ", * t="12345"; strcat(s, t);

D. char * s="12345", * t="54321";　　strcat (s,t);

(25)以下与库函数 strcmp(char * s, chat * t)的功能相等的程序段是(　　)。

A.
```
strcmp1( char * s, chat * t)
    {  for (;* s+ + = = * t+ +  ;)
         if (* s= = '\0') return 0;
         return (* s- * t);     }
```

B.
```
strcmp2( char * s, char * t)
    {  for (;* s+ + = = * t+ +  ;)
         if (! * s) return 0;
       return  (* s- * t);
```

C.
```
strcmp3( char * s, char * t)
    {  for (;* t= = * s ;)
    {  if (! * t)  return 0;
            t+ + ;
            s+ + ;      }
       return (* s- * t);  }
```

D.
```
strcmp4( char * s, char * t)
    {   for(;* s= = * t;s+ + ,t+ + )
         if (! * s) return 0;
       return (* t- * s);  }
```

(26)若有以下定义和语句:

```
int s[4][5], (* ps)[5];
ps= s;
```

则对 s 数组元素的正确引用形式是(　　)。

A. ps+1　　B. *(ps+3)　　C. ps[0][2]　　D. *(ps+1)+3

(27)下面不合法的 main 函数命令行参数表示形式是(　　)。

A. main(int a, char *c[])　　B. main(int argc, char *argv)

C. main(int arc, char **arv)　　D. main(int argv, char * argc[])

(28)若有说明语句:char s[]="it is a example.", *t="it is a example.";则以下不正确的叙述是(　　)。

A. s 表示的是第一个字符 i 的地址,s+1 表示的是第二个字符 t 的地址

B. t 指向另外的字符串时,字符串的长度不受限制

C. t 变量中存放的地址值可以改变

D. s 中只能存放 16 个字符

(29)若已定义 char s[10];则在下面表达式中不表示 s[1]地址的是(　　)。

A. s+1　　B. s++　　C. &s[0]+1　　D. &s[1]

(30)下面程序段的运行结果是(　　)。(注:␣ 代表空格)

```
# include < stdio.h>
void main()
{  char s[6];
      s= "abcd";
      printf("\"% s\"\n", s);
}
```

A. "abcd"　　B. "abcd ␣ "　　C. \"abcd\"　　D. 编译出错

(31)执行以下程序后,a 的值为【1】, b 的值为【2】。

```
# include < stdio.h>
void main()
{  int a, b, k= 4, m= 6, * p= &k, * q= &m;
   a= p= = &m;
   b= (- * p)/(* q)+ 7;
   printf("a= % d\n", a);
   printf("b= % d\n", b);
}
```

【1】A. −1　　B. 1　　C. 0　　D. 4

【2】A. 5　　B. 6　　C. 7　　D. 10

(32)下面程序的功能是将字符串 s 的所有字符传送到字符串 t 中,要求每传递三个字符后再存放一个空格,例如字符串 s 为"abcdefg",则字符串 t 为"abc def g",请选择填空。

```
# include < stdio.h>
# include < string.h>
void main()
```

```
{   int j, k= 0;
    char s[60], t[100], * p;
    p= s;
    gets(p);
    while(* p)
{   for (j= 1; j< = 3 && * p; 【1】)  t[k]= * p;
    if (【2】)
{   t[k]=''; k+ + ;
}
}
    t[k]= '\0';
    puts(t);
}
```

【1】A. p++　　B. p++,k++　　C. p++,k++,j++　　D. k++,j++

【2】A. j==4　　B.* p=='\0'　　C. ! *p　　D. j! =4

二、填空题

(1)设有定义:int a, *p=&a;以下语句将利用指针变量p读写变量a中的内容,请将语句补充完整。

```
scanf("% d",【1】);
printf("% d\n",【2】);
```

(2)请填空:[p] ——→ [W] c

建立上图所示存储结构所需的说明语句是______。

建立上图所示给c输入数据的输入语句是______。

建立上图所示存储结构所需的赋值语句是______。

(3)以下程序的运行结果是______。

```
# include "stdio.h"
# include "string.h"
int * p;
voidmain()
{  int x= 1, y= 2, z= 3;
   p= &y;
   fun(x+ z, &y);
   printf("(1) % d  % d  % d\n", x, y, * p);
}
   fun( int x, int * y)
{  int z= 4;
   * p= * y+ z;
```

```
    x= * p- z;
    printf("(2) % d  % d  % d\n", x, * y, * p);
  }
```

(4)下面程序段是把从终端读入的一行字符作为字符串放在字符数组中,然后输出。请填空。

```
# include< stdio.h>
# include< string.h>
void main()
{ int m;
char s[80], * t;
for (m= 0; m< 79; m+ + )
{  s[m]= getchar();
   if (s[m]= = '\n')  break;
}
   s[m]= 【1】;
   t=【2】;
   while (* t) putchar(* t+ + );
}
```

(5)下面程序段的运行结果是__________。

```
char s[80], * t= "EXAMPLE";
t= strcpy(s, t);
s[0]= 'e';
puts(t);
```

(6)函数 sstrcmp()的功能是对两个字符串进行比较。当 s 所指字符串与 t 所指字符串相等时,返回值为 0;当 s 所指字符串大于 t 所指字符串时,返回值大于 0;当 s 所指字符串小于 t 所指字符串时,返回值小于 0。功能等同于库函数 strcmp()。请填空。

```
int sstrcmp( char * s, char * t)
{  while (* s && * t && * s= = 【1】)
{  s+ + ;
   t+ + ;
}
   return【2】;
}
```

(7)下面程序的运行结果是__________。

```
# include< stdio.h>
void swap(int * a, int * b)
{  int * t;
   t= a;
   a= b;
```

```
    b= t;
  }
  void main()
  { int x= 3, y= 5, * p= &x, * q= &y;
    swap(p,q);
    printf("% d  % d\n", * p, * q);
  }
```

(8)以下程序的输出结果是__________。

```
# include< stdio.h>
void main()
{  char * p= "abcdefgh", * r;
   long * q;
   q= (long * ) p;
   q+ + ;
   r= (char * ) q;
   printf("% s\n", r);
}
```

(9)下面程序的功能是将字符串中的数字字符删除后输出。请填空。

```
# include< stdio.h>
# include< malloc.h>
void delnum( char * t)
{  int m, n;
   for (m= 0,n= 0; t[m]! = '\0';m+ + )
   if (t[m]< '0'【1】t[m]> '9')
{  t[n]= t[m]; n+ + ;
}
   【2】;
}
   void main()
{  char * s;
   s= (char * ) malloc (sizeof(char));   /* 给 s 分配一个地址* /
   printf("\n input theoriginal string:");
   gets(s);
   delnum(s);
   puts(【3】);
}
```

(10)下面程序的功能是比较两个字符串是否相等,若相等则返回1,否则返回0。请填空。

```
# include< stdio.h>
# include< string.h>
fun (char * s, char * t)
{  int m= 0;
   while (* (s+ m)= = * (t+ m) &&【1】) m+ + ;
   return (【2】);
}
```

(11)下面程序用来计算一个英文句子中最长单词的长度(字母个数)max。假设该英文句子中只含有字母和空格,在空格之间连续的字母串称为单词,句子以'.'为结束。请填空。

```
# include< stdio.h>
void main()
{   static char s[]= {" you make me happy when days are grey."}, * t;
    int max= 0, length= 0;
    t= s;
    while (* t! = '.')
{   while (((* t< = 'Z')&&(* t> = 'A'))||((* t< = 'z')&&(* t> = 'a')))
{   length+ + ;
    【1】;
}
    if (max< length)【2】;
    length= 0;
    t+ + ;
}
    printf("max= % d", max);
}
```

(12)下面程序是判断输入的字符串是否是“回文”(顺读和倒读都一样的字符串称为回文,如 level)。请填空。

```
# include< stdio.h>
# include< string.h>
void main()
{  char s[80], * t1, * t2;
     int m;
    gets(s);
    m= strlen(s);
    t1= s;
    t2= 【1】;
    while(t1< t2)
{  if (* t1! = * t2)  break;
   else { t1+ + ;
```

```
      【2】;
     }
     }
      if (t1< t2) printf("NO\n");
      else printf("YES\n");
     }
```

(13)当运行以下程序时,从键盘输入:

apple

tample

则下面程序的运行结果是__________。

```
# include< stdio.h>
void  main()
{  char s[80], * t;
   t= s;
   gets(t);
   while (* (+ + t)! = '\0')
   if (* t= = 'a') break;
   else
{  t+ + ;
   gets(t);
}
   puts(t);
}
```

第8章 文件与结构体

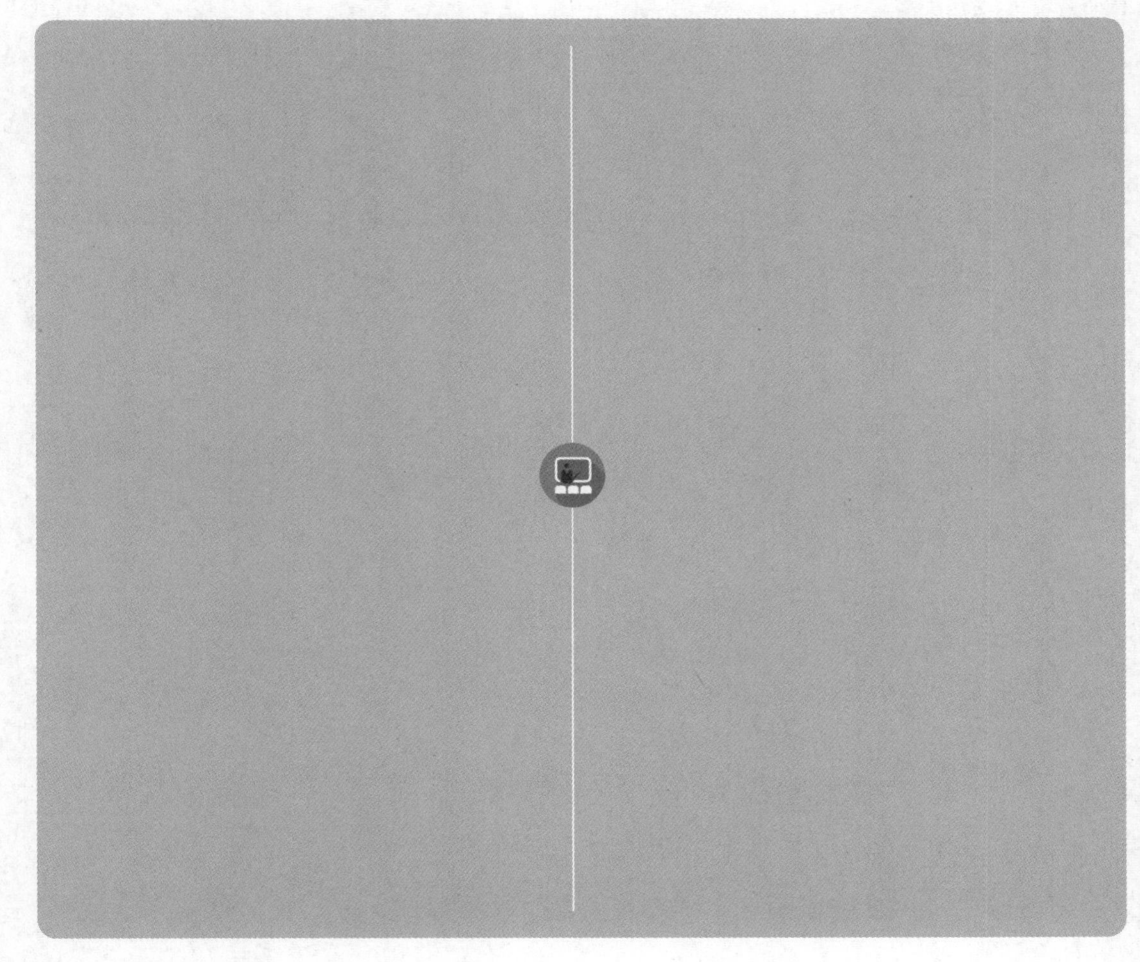

8.1 文件概述

所谓文件是指一组相关数据的有序集合。这个数据集有一个名称，叫作文件名。实际上在前面的章节中我们已经多次使用了文件，例如源程序文件、目标文件、可执行文件、库文件（头文件）等。

8.2 文件指针

在 C 语言中用一个指针变量指向一个文件，这个指针称为文件指针。通过文件指针就可对它所指的文件进行各种操作。

定义说明文件指针的一般形式为：

FILE * 指针变量标识符；

其中 FILE 应为大写，它实际上是由系统定义的一个结构，该结构含有文件名、文件状态和文件当前位置等信息。在编写源程序时不必关心 FILE 结构的细节。例如：

```
FILE * fp;
```

表示 fp 是指向 FILE 结构的指针变量，通过 fp 即可找到存放某个文件信息的结构变量，然后按结构变量提供的信息找到该文件，实施对文件的操作。习惯上也笼统地把 fp 称为指向一个文件的指针。

8.3 文件的打开与关闭

文件在进行读写操作之前要先打开，使用完毕要关闭。所谓打开文件，实际上是建立文件的各种有关信息，并使文件指针指向该文件，以便进行其他操作。关闭文件则断开指针与文件之间的联系，也就禁止再对该文件进行操作。

在 C 语言中，文件操作都是由库函数来完成的。本章将介绍主要的文件操作函数。

8.3.1 文件打开函数(fopen 函数)

fopen 函数用来打开一个文件，其调用的一般形式为：

文件指针名＝fopen(文件名，使用文件方式)；

其中：

文件指针名必须是被说明为 FILE 类型的指针变量；

文件名是被打开文件的文件名，是字符串常量或字符串数组；

使用文件方式是指文件的类型和操作要求。

例如：

```
FILE * fphzk
fphzk= ("c:\\hzk16","rb")
```

其意义是打开C驱动器磁盘的根目录下的文件hzk16,这是一个二进制文件,只允许按二进制方式进行读操作。两个反斜线"\\ "中的第一个表示转义字符,第二个表示根目录。

文件使用方式由r,w,a,t,b,+六个字符拼成,各字符的含义是:

r(read): 读
w(write): 写
a(append): 追加
t(text): 文本文件,可省略不写
b(binary): 二进制文件
+: 读和写

8.3.2 文件关闭函数(fclose函数)

文件一旦使用完毕,应用关闭文件函数把文件关闭,以避免文件的数据丢失等。

fclose函数调用的一般形式是:

fclose(文件指针);

例如:fclose(fp);正常完成关闭文件操作时,fclose函数返回值为0。如返回非零值,则表示有错误发生。

8.4 文件的读写

对文件的读和写是常用的文件操作。C语言提供了多种文件读写的函数:

字符读写函数:fgetc和fputc。
字符串读写函数:fgets和fputs。
数据块读写函数:fread和fwrite。
格式化读写函数:fscanf和fprinf。

下面分别介绍。使用以上函数都要求包含头文件stdio.h。

8.4.1 字符读写函数fgetc和fputc

字符读写函数是以字符(字节)为单位的读写函数。每次可从文件读出或向文件写入一个字符。

1. 读字符函数fgetc

fgetc函数的功能是从指定的文件中读一个字符。函数调用的形式为:

字符变量=fgetc(文件指针);

例如:

```
ch= fgetc(fp);
```

其意义是从打开的文件fp中读取一个字符并送入ch中。

【例8.1】 读入文件c1.txt,在屏幕上输出。

```
# include< stdio.h>
int main()
{
    FILE * fp;
    char ch;
    if((fp= fopen("d:\\jrzh\\example\\c1.txt","rt"))= = NULL)
    {
        printf("\nCannot open file strike any key exit!");
        getch();
        exit(1);
    }
    ch= fgetc(fp);
    while(ch! = EOF)
    {
        putchar(ch);
        ch= fgetc(fp);
    }
    fclose(fp);
    return 0;
}
```

运行结果为：

```
123456789Press any key to continue
```

本例程序的功能是从文件中逐个读取字符，在屏幕上显示。程序定义了文件指针 fp，以读文本文件方式打开文件“d:\\jrzh\\example\\c1. txt”，并使 fp 指向该文件。如打开文件出错，给出提示并退出程序。程序第 12 行先读出一个字符，然后进入循环，只要读出的字符不是文件结束标志(每个文件末有一结束标志 EOF)就把该字符显示在屏幕上，再读入下一字符。每读一次，文件内部的位置指针向后移动一个字符，文件结束时，该指针指向 EOF。执行本程序将显示整个文件。

2. 写字符函数 fputc

fputc 函数的功能是把一个字符写入指定的文件中。函数调用的形式为：

fputc(字符量，文件指针)；

其中，待写入的字符量可以是字符常量或变量，例如：fputc('a',fp)；其意义是把字符 a 写入 fp 所指向的文件中。

【例 8. 2】 从键盘输入一行字符，写入一个文件，再把该文件内容读出，显示在屏幕上。

```
# include< stdio.h>
int main()
{
    FILE * fp;
    char ch;
```

```
    if((fp= fopen("d:\\jrzh\\example\\string","wt+ "))= = NULL)
    {
        printf("Cannot open file strike any key exit!");
        getch();
        exit(1);
    }
    printf("input a string:\n");
    ch= getchar();
    while (ch! = '\n')
    {
        fputc(ch,fp);
        ch= getchar();
    }
    rewind(fp);
    ch= fgetc(fp);
    while(ch! = EOF)
    {
        putchar(ch);
        ch= fgetc(fp);
    }
    printf("\n");
    fclose(fp);
    return 0;
}
```

运行结果为：

程序中第 6 行以读写文本文件方式打开文件 string。程序第 13 行从键盘读入一个字符后进入循环，当读入字符不为回车符时，则把该字符写入文件之中，然后继续从键盘读入下一字符。每输入一个字符，文件内部位置指针向后移动一个字节。写入完毕，该指针已指向文件末。如要把文件从头读出，须把指针移向文件头，程序第 19 行 rewind 函数用于把 fp 所指文件的内部位置指针移到文件头。第 20 至 25 行用于读出文件中的一行内容。

8.4.2 字符串读写函数 fgets 和 fputs

1. 读字符串函数 fgets

fgets 函数的功能是从指定的文件中读一个字符串到字符数组中。函数调用的形式为：

fgets(字符数组名，n，文件指针)；

其中 n 是一个正整数，表示从文件中读出的字符串不超过 n－1 个字符。在读入的最后一个字符后加上串结束标志'\0'。

例如:fgets(str,n,fp);的意义是从 fp 所指的文件中读出 n-1 个字符送入字符数组 str 中。

2. 写字符串函数 fputs

fputs 函数的功能是向指定的文件写入一个字符串,其调用形式为:

fputs(字符串,文件指针);

其中字符串可以是字符串常量,也可以是字符数组名,或指针变量,例如 fputs("abcd",fp);其意义是把字符串"abcd"写入 fp 所指的文件之中。

8.4.3 数据块读写函数 fread 和 fwrite

C 语言还提供了用于整块数据的读写函数,可用来读写一组数据,如一个数组元素、一个结构变量的值等。

读数据块函数调用的一般形式为:

fread(buffer,size,count,fp);

写数据块函数调用的一般形式为:

fwrite(buffer,size,count,fp);

其中:

buffer 是一个指针,在 fread 函数中,它表示存放输入数据的首地址;在 fwrite 函数中,它表示存放输出数据的首地址。

size 表示数据块的字节数。

count 表示要读写的数据块块数。

fp 表示文件指针。

例如:fread(fa,4,5,fp);其意义是从 fp 所指的文件中,每次读 4 个字节(一个实数)送入实数组 fa 中,连续读 5 次,即读 5 个实数到 fa 中。

8.4.4 格式化读写函数 fscanf 和 fprintf

fscanf 函数和 fprintf 函数与前面使用的 scanf 和 printf 函数的功能相似,都是格式化读写函数。两者的区别在于 fscanf 函数和 fprintf 函数的读写对象不是键盘和显示器,而是磁盘文件。

这两个函数的调用格式为:

fscanf(文件指针,格式字符串,输入表列);

fprintf(文件指针,格式字符串,输出表列);

8.5 文件的随机读写

前面介绍的对文件的读写方式都是顺序读写,即读写文件只能从头开始,顺序读写各个数据。但在实际问题中,常要求只读写文件中某一指定的部分。为了解决这个问题,可移动文件内部的位置指针到需要读写的位置，再进行读写，这种读写称为随机读写。

实现随机读写的关键是要按要求移动位置指针，这称为文件的定位。

8.5.1 文件定位

移动文件内部位置指针的函数主要有两个，即 rewind 函数和 fseek 函数。

rewind 函数的调用形式为：

rewind(文件指针)；

它的功能是把文件内部的位置指针移到文件首。

下面主要介绍 fseek 函数。

fseek 函数用来移动文件内部位置指针，其调用形式为：

fseek(文件指针，位移量，起始点)；

其中：

文件指针指向被移动的文件。

位移量表示移动的字节数，要求位移量是 long 型数据，以便在文件长度大于 64KB 时不会出错。当用常量表示位移量时，要求加后缀“L”。

起始点表示从何处开始计算位移量，规定的起始点有三种：文件首、当前位置和文件尾。

8.5.2 文件的随机读写

在移动位置指针之后，即可用前面介绍的任一种读写函数进行读写。由于一般是读写一个数据块，因此常用 fread 和 fwrite 函数。

8.6 结构体

(1) 结构体的声明：

struct 结构体名
{成员表列}

(2) 结构体变量的定义：

• 先声明结构体，后定义变量，例如：

```
struct student  stu1,stu2;
```

• 在声明结构体的同时定义变量，例如：

struct 结构体名 {成员表列}变量名表列；

• 直接定义结构类型变量，例如：

struct {成员表列}变量名表列；

(3) 结构体变量的引用：

结构体变量名.成员名

如：

```
stu1.num= 50;
```

(4) 指向结构体类型数据的指针的引用,如 struct student ＊p,则引用方式为：

(＊p).成员名

p－＞成员名

例如:定义平面坐标结构：

```
struct point
{
    double  x;
    double  y;
};
```

虽然 x、y 的类型相同,也可以用数组的方式表示,但采用结构体描述整体性更强,增加了程序的可读性,使程序更清晰。

8.6.1 结构体的定义和初始化

有以下三种定义结构变量的方式：

(1)单独定义:先定义结构类型,再定义具有这种结构类型的变量。

例如：

```
struct friends_lis
{
        char name[10];              /*  姓名 * /
        int age;                          /*  年龄 * /
        char telephone[13];      /*  联系电话 * /
};
    struct friends_list  friend1, friend2;
```

(2)混合定义:在定义结构体类型的同时定义结构体变量。

例如：

```
struct friends_list
{
        char name[10];
        int age;
        char telephone[13];
} friend1, friend2;
```

(3)无类型名定义:在定义结构体变量时省略结构体名。

例如：

```
struct
{
    char name[10];
    int age;
    char telephone[13];
} friend1, friend2;
```

结构变量的初始化：

```
struct friends_list  friend1 = {"Huang", 26, "027- 85171880 " } ;
```

8.6.2 结构变量的使用

1. 结构变量成员的引用

结构变量成员的引用形式为：

结构变量名 . 结构成员名

例如：

```
friend1.age = 26;
```

【例 8.3】 在一个职工工资管理系统中，工资项目包括编号、姓名、基本工资、奖金、保险、实发工资。输入一个正整数 n，再输入 n 个职工的前 5 项信息，计算并输出每位职工的实发工资。(实发工资 = 基本工资+奖金-保险)

```
# include< stdio.h>
struct employee
{  int num;
   char name[20];
   float jbgz, jj, bx, sfgz;
};
int main(void)
{
   int i, n;
   struct employee e;
   printf("请输入职工人数 n: ");
   scanf("% d", &n);
   for(i = 1; i < = n; i+ + )
     {
       printf("请输入第% d个职工的信息: ", i);
       scanf("% d% s", &e.num, e.name);
       scanf("% f% f% f", &e.jbgz, &e.jj, &e.bx);
       e.sfgz = e.jbgz + e.jj - e.bx;
       printf("编号:% d 姓名:% s 实发工资:% .2f\n", e.num, e.name, e.sfgz);
       return 0;
     }
}
```

运行结果为：

```
请输入职工人数n: 1
请输入第1个职工的信息: 101 Huangsan 2500.5 800 152.5
编号:101 姓名:Huangsan实发工资:3148.00
Press any key to continue
```

2. 结构变量的整体赋值

具有相同类型的结构变量可以直接赋值。

结构变量的整体赋值就是将赋值符号右边结构变量的每一个成员的值都赋给左边结构变量中相应的成员。

```
struct friends_list
{
    char name[10];
    int age;
    char telephone[13];
} friend1 =  {Zhang",26, "0571- 85271880"}, friend2;
friend2 =  friend1;
```

3. 结构变量作为函数参数

当程序的规模较大、功能较多时,需要以函数的形式进行功能模块的划分和实现。

如果在函数间传递结构数据,则需用结构变量作为函数的参数或返回值。

改写例 8.3,使用结构变量作为函数参数,定义一个用于计算实发工资的函数:

```
float count_sfgz(struct employee m)
{
    return m.jbgz + m.jj - m.bx;
}
```

在主函数 main 中的语句:

```
e.sfgz = e.jbgz + e.jj - e.bx;
```

修改为:

```
e.sfgz = count_sfgz(e);
```

这样就得到计算实发工资的结果。

8.6.3 结构数组

一个结构变量只能表示一个实体的信息,如果有许多相同类型的实体,就需要使用结构数组。

结构数组是结构与数组的结合,与普通数组的不同之处在于每个数组元素都是一个结构类型的数据,包括各个成员项。

结构数组的定义方法与结构变量的相同,例如:

```
struct friends_list
{
        char name[10];
        int age;
        char telephone[13];
} friends[10];
```

结构数组的初始化示例为:

```
struct friends_list friends[10] =
{
        { "Huang san", 26, "027- 85271880"},
        { "Li Si", 30, "13605732436"}
};
```

结构数组元素的成员引用为：

结构体数组名[下标]. 结构体成员名

【例 8.4】 改写第 5 章中的例 5.7,用定义一个结构类型变量(包括年、月、日)实现。

源程序如下：

```
# include < stdio.h>
struct data
{
    int y;
    int m;
    int d;
};
int f(struct data day)
{
    int n[13]= {0,31,28,31,30,31,30,31,31,30,31,30,31};
    int i;
    if(day.m< 2) n[0]= day.d;
    else
    {
        for(i= 1;i< day.m;i+ + )
            n[0]+ = n[i];
        n[0]+ = day.d;
    }
    if(day.y% 4= = 0)
        return n[0]+ 1;
    else return n[0];
}
void main()
{
    struct data d1;
    printf("input data:year- month- day\n");
    scanf("% d- % d- % d",&d1.y,&d1.m,&d1.d);
    printf("It is % d day of the year.\n",f(d1));
}
```

程序结果为：

```
input data:year-month-day
2013-07-01
It is 182 day of the year.
Press any key to continue
```

本章作业

一、选择题

(1)有以下说明语句：

```
struct stu
{  int a;
   float b;
}stutype;
```

则下面叙述中错误的是(　　)。

A. struct 是结构类型的关键字

B. struct stu 是用户定义的结构类型

C. stutype 是用户定义的结构体类型名

D. a 和 b 都是结构成员名

(2)C 语言结构类型变量在程序执行期间(　　)。

A. 所有成员一直驻留在内存中　　B. 只有一个成员驻留在内存中

C. 部分成员驻留在内存中　　D. 没有成员驻留在内存中

(3)fscanf 函数的正确调用格式为(　　)。

A. fscanf(文件指针,格式字符串,输入表列);

B. fscanf(格式字符串,文件指针,输入表列);

C. fscanf(文件指针,输入表列格式字符串);

D. fscanf(输入表列,格式字符串, 文件指针);

(4)fwrite 函数的一般调用形式为(　　)。

A. fwrite(buffer,size,count,fp);　　B. fwrite(size, buffer,count,fp);

C. fwrite(buffer,size, fp, count);　　D. fwrite(buffer, count, size,fp);

(5)使用 fgetc 函数,则打开文件的方式必须是(　　)。

A. 只写　　B. 追加

C. 读或者读/写　　D. B 和 C 都正确

二、填空题

(1)

```
struct  info
{
    char  a,b,c;
};
```

```
void  main()
{
    struct  info s[2]= {{'a','b','c'},{'d','e','f'}};
    int t;
    t= (s[0].b- s[1].a)+ (s[1].c- s[0].b);

   printf("% d\n",t);
}
```

以上程序的运行结果为__________。

(2)用结构类型实现两个复数相加,补充下述程序。

```
struct com
{
    int a;
    int b;
};
void main()
{
    struct com x,y,sum;
    x.a= 1;x.b= 2;
    y.a= 4;y.b= 3;
    sum.a= _________;
    sum.b= _________;
}
```

(3)以下程序将从终端上读入 10 个整数,以二进制方式写入一个名为“bi. bat”的新文件中,补充下述程序。

```
# include< stdio.h>
void main()
{
    FILE * fp;
    int i,j;
    if((fp= fopen(【1】,"wb"))= = NULL)
        exit(0);
    for(i= 0;i< 10;i+ + )
    {
        scanf("% d",&j);
        fwrite(【2】,sizeof(int),【3】);
    }
    fclose(fp);
}
```

第9章

算法初步

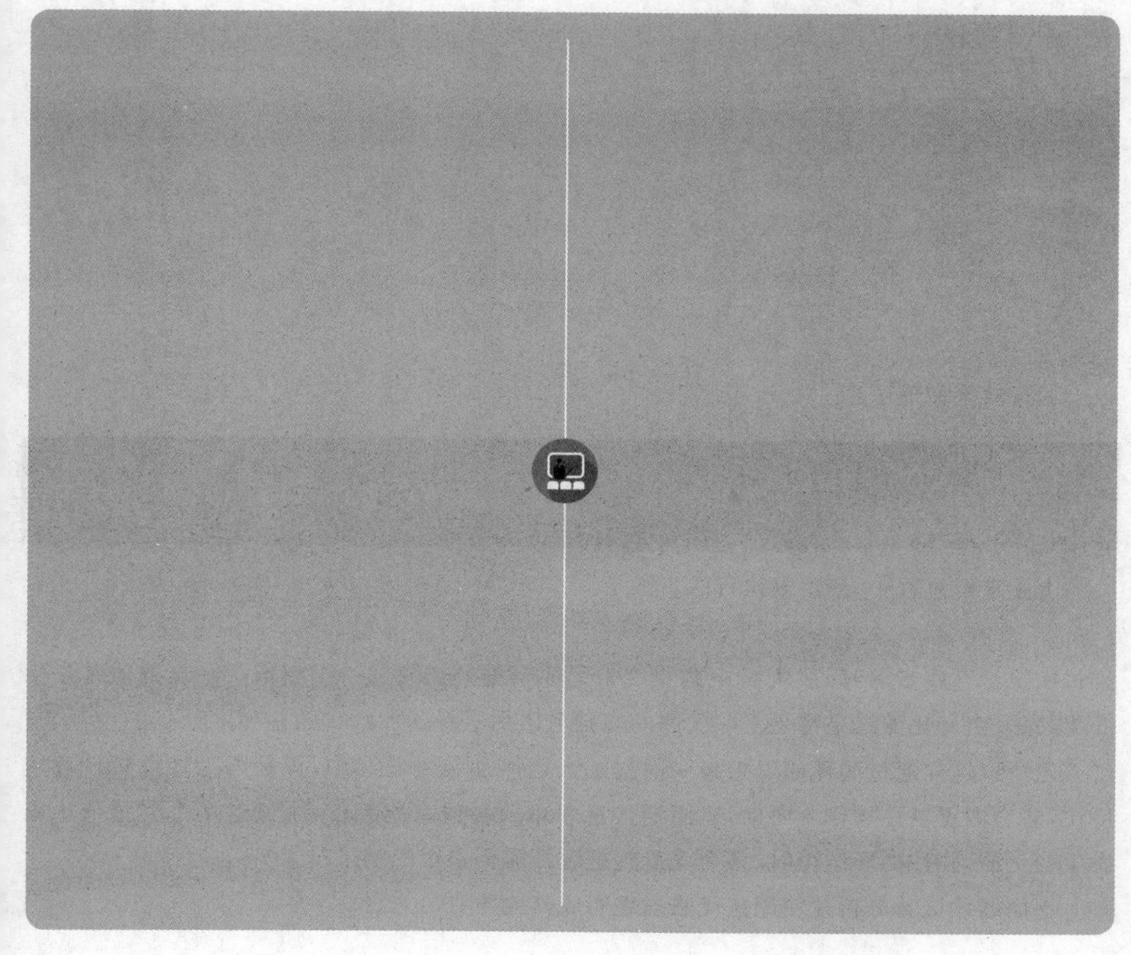

算法是解题的步骤，人们从一些常见的问题解答中提取出解决问题的规律，就形成了诸如穷举法、迭代法这样的算法思想，还有一些问题没有成熟的算法思路供解题者使用，这就需要在计算机编程解决问题的过程中，不断地进行总结。本章将学习常见的算法来解决某一类问题，初学者在学习的时候应尽量理解常见算法思路，并且应用常见算法解决更多类似题目。

9.1 迭代法

迭代法是用计算机解决问题的一种基本方法。它利用计算机运算速度快、适合做重复性操作的特点，让计算机对一些步骤进行重复执行，在每次执行这些步骤时，都从变量的原值推出它的一个新值。

【例 9.1】 用迭代法的思想求解下式的和：

$$1+\frac{1}{2}+\frac{1}{3}+\frac{1}{4}+\frac{1}{5}+\cdots+\frac{1}{n}$$

源程序如下：

```
# include < stdio.h>
void main()
{
    int i,n;
    double sum= 0.0;
    printf("请输入 n:");
    scanf("% d",&n);
    for(i= 1;i< = n;i+ + )
    sum= sum+ 1.0/i;
    printf("1+ 1/2+ 1/3+ ...+ 1/n= % f\n",sum);
}
```

运行结果如下：

```
请输入n:4
1+1/2+1/3+...+1/n=2.083333
Press any key to continue_
```

上述求解过程中，被重复执行的步骤是：

```
sum= sum+ 1.0/i;
```

且每次执行这些步骤时，都从 sum 这个变量的原值推算出它的一个新值。sum 的值在发生变化，每一次变化的结果都是上一次和的基础上增加了新的加数后的总和。

之所以这样通过循环的思想来一次次加入这些加数到总和中，正是因为计算机计算速度快，适合做重复性操作。所以，运用迭代法思想的时候，是会有一个或者多个变量值不断发生变化的，往往循环结束时，某个变量就是题目需要求得的结果。

下面继续试着分析并使用迭代法思想完成其他题目。

【例 9.2】 计算 sum 的值。计算公式如下：

sum＝3＋33＋333。

模仿例 9.1 的分析思路：

假设变量 sum 是最终需要求解的结果值，那么这个 sum 应该随着不断的累加而发生不断的变化。每一次重复执行时，应该是将新的数 num 加到目前的 sum 值中。

这个新的数也存在一定的规律：num * 10＋3。

例如设 num 的初值为 0。

第一次计算出来的 num 值应为：0 * 10＋3＝3。

第二次计算出来的 num 值应为：3 * 10＋3＝33。

第三次计算出来的 num 值应为：33 * 10＋3＝333。

解答 1：

```
# include < stdio.h>
void main()
{
    int i,n;
    int sum= 0,num= 0;
    printf("请输入 n:");
    scanf("% d",&n);
    for(i= 0;i< n;i+ + )
    {
        //num= num* 10+ 3;
        //sum= sum+ num;
         sum= sum+ num* 10+ 3;
    }
    printf("sum= % d \n",sum);
}
```

运行结果如下：

```
请输入n:3
sum=9
Press any key to continue
```

解答 1 的结果是错误的，仔细分析循环中的运行情况：

在此题中，循环变量 i 并没有参与到循环体语句的计算之中。

第一次循环时：sum＝0＋0 * 10＋3，sum 的值是 3。

第二次循环时：sum＝3＋0 * 10＋3，sum 的值是 6。

第三次循环时：sum＝6＋0 * 10＋3，sum 的值是 9。

由此看出，每一次计算出来的加数都是 3，并没有得到理想中的 3、33、333，究其原因在于迭代法的精髓是“计算机对一些步骤进行重复执行，在每次执行这些步骤时，都从变量的原值推出它的一个新值”。在此题中，不仅 sum 是每次循环需要推出的一个新值，num 也是同样需要推出的一个新值。既然是在以往的数据上进行“推出”,那么这个以往的数据同样需要保存起来。所以,上述程序中应该有这样的计算思路:

num=num * 10+3;

而不是简单地直接写成:

sum=sum+num * 10+3;

从而达到将计算出来的 num 值每次都能够得以保存,以供下次循环推出下一个值。

更改程序如下:

解答 2:

```
# include < stdio.h>
void main()
{
    int i,n;
    int sum= 0,num= 0;
    printf("请输入 n:");
    scanf("% d",&n);
    for(i= 0;i< n;i+ + )
    {
        num= num* 10+ 3;
        sum= sum+ num;
    }
    printf("sum= % d \n",sum);
}
```

运行结果如下:

```
请输入n:3
sum=369
Press any key to continue
```

【例 9.3】 求 1! +2! +3! +…+n! 的和。

分析:

每一次求阶乘的数可以通过循环变量来获取。

每一次循环都得计算出该循环变量的阶乘。

每一次循环都得将计算出的阶乘加入总和中。

程序如下:

```
# include < stdio.h>
void main()
{
    int i,j,n;
    int sum= 0,num= 1;
    printf("请输入 n:");
    scanf("% d",&n);
```

```
        for(i= 1;i< = n;i+ + )
        {
            for (j= 1;j< = i;j+ +  )
                num= num* j;
            sum= sum+ num;
            num= 1;
        }
        printf("sum= % d\n",sum);
    }
```

运行结果如下：

```
请输入n:5
sum=153
Press any key to continue_
```

请思考下面语句在例 9.3 程序中的作用：

```
num= 1;
```

9.2 穷举法

穷举法是程序设计中使用极为普遍的一种算法。它利用计算机运算速度快、精确度高的特点，对要解决问题的所有可能情况，一个不漏地进行列举，从中找出符合要求的答案。

【例 9.4】 列举 1～100 以内所有能被 2 整除的整数。

【例 9.5】 列举 1～100 以内所有能被 2 和 5 整除的整数。

这两个例子都是要将 1 和 100 之间的每个数都进行考虑：每个数都有可能是解，所以要对每个可能的解进一步的处理，以便得出是否符合各自题目要求的结果。

例 9.4 的解答如下：

```
# include < stdio.h>
void main()
{
    int n,i;
    for(n= 1;n< = 100;n+ + )
    {
        if(n% 2= = 0) printf("% d\t",n);
    }
}
```

运行结果如下：

```
2       4       6       8       10      12      14      16      18      20
22      24      26      28      30      32      34      36      38      40
42      44      46      48      50      52      54      56      58      60
62      64      66      68      70      72      74      76      78      80
82      84      86      88      90      92      94      96      98      100
Press any key to continue_
```

这一题中，针对 1,2,…, 100 每个数都进行了 n%2==0 的条件判断，条件成立，则为解。

例 9.5 的解答如下：

```
# include < stdio.h>
void main()
{
        int n,i;
        for(n= 1;n< = 100;n+ + )
        {
            if ((!(n% 2))&&(!(n% 5)))
                printf("% d\t",n);
        }
}
```

运行结果如下：

```
10      20      30      40      50      60      70      80      90      100
Press any key to continue
```

这一题中，针对 1,2,…,100 每个数都进行了 n%2==0 和 n%5==0 的条件判断，条件成立，则为解。

【例 9.6】 列举出 1 角人民币兑换成 1 分、2 分、5 分的所有组合方案。

分析：

题目就是将 1 分、2 分、5 分各自可能出现的次数进行罗列。

总数为 10 分，1 分出现在最终组合中的可能为 0 次，1 次，2 次，3 次，…，10 次。考虑到总和为 10 分，1 分出现的次数不可能多过 10 次。

总数为 10 分，2 分出现在最终组合中的可能为 0 次，1 次，2 次，3 次，4 次，5 次。考虑到总和为 10 分，2 分出现的次数不可能多过 5 次。

总数为 10 分，5 分出现在最终组合中的可能为 0 次，1 次，2 次。考虑到总和为 10 分，5 分出现的次数不可能多过 2 次。

那么，可以通过 3 重循环，来列举 1 分、2 分、5 分出现可能的组合。

例 9.6 的解答如下：

```
# include < stdio.h>
void main()
{
    int i,j,k;
    for(i= 0;i< = 10;i+ + )
      for(j= 0;j< = 5;j+ + )
        for(k= 0;k< = 2;k+ + )
          if ((i* 1+ j* 2+ k* 5)= = 10)
```

```
            printf("i:% d j:% d k:% d\n",i,j,k);
    }
```

运行结果如下：

```
i:0 j:0 k:2
i:0 j:5 k:0
i:1 j:2 k:1
i:2 j:4 k:0
i:3 j:1 k:1
i:4 j:3 k:0
i:5 j:0 k:1
i:6 j:2 k:0
i:8 j:1 k:0
i:10 j:0 k:0
Press any key to continue
```

9.3 递归法

为求解规模为 N 的问题，设法将它分解成规模较小的问题，然后从这些小问题的解方便地构造出大问题的解，并且这些规模较小的问题也能采用同样的分解和综合方法，分解成规模更小的问题，并从这些更小问题的解构造出规模较大问题的解。特别地，当规模 N＝1 时，能直接得解。

【例 9.7】 求 n!（n≥1）。

假设求 5! 的值：

5! ＝4! ＊5;

4! ＝3! ＊4;

3! ＝2! ＊3;

2! ＝1! ＊2。

可以看到 1! 可以直接得到，这样由 1! 得到 2! 的值为 2，由 2! 的值得到 3! 的值为 6，…，最后可以得到 5! 为 120。

例 9.7 的解答如下：

```
    # include < stdio.h>
    void main()
    {
        int n;
        printf("请输入 n:");
        scanf("% d",&n);
        printf("value= % d\n", value(n));
    }

    int value(int n)
    {
        if (n= = 1) return 1;
```

```
    else return n* value(n- 1);
}
```

运行结果如下：

```
请输入n:5
value=120
Press any key to continue
```

此题就是通过分析，将5！的求值看成一个最复杂的问题，然后分解为较为复杂的问题，求4！和5的乘积，…，逐步分解成求1！和2的乘积，到达这一步，问题已经最简单化了，直接得到结果2，自然回溯后可以得到最初的问题的解为120。

【例9.8】 输出0～9的数字。

以递归的思路来解此题。

输出0～9的数字视作最复杂的问题，将其分解为输出0和1～9这个较为复杂的问题，再逐步分解为输出1和2～9这个次之复杂的问题……直到分解为能输出9为止。

例9.8的解答如下：

```
# include < stdio.h>
void main()
{
    pri(0,9);
}

int pri(int begin, int end)
{
        printf("% d",begin);
        if (begin= = end) return ;
        else pri(begin+ 1, end);
}
```

运行结果如下：

```
0123456789Press any key to continue
```

【例9.9】 有5个学生坐在一起。

问第5个学生多少岁？他说比第4个学生大2岁。

问第4个学生岁数，他说比第3个学生大2岁。

问第3个学生，又说比第2个学生大2岁。

问第2个学生，说比第1个学生大2岁。

最后问第1个学生，他说他是10岁。

请问第5个学生多大？

分析：

要求第5个学生年龄，就必须先知道第4个学生年龄；

要求第 4 个学生年龄必须先知道第 3 个学生年龄；

第 3 个学生年龄又取决于第 2 个学生年龄；

第 2 个学生年龄取决于第 1 个学生年龄；

每个学生年龄都比其前 1 个学生的年龄大 2 岁。

也就是：

age(5)＝age(4)＋2；

age(4)＝age(3)＋2；

age(3)＝age(2)＋2；

age(2)＝age(1)＋2；

age(1)＝10。

例 9.9 的解答如下：

```
# include < stdio.h>
int main()
{
    int age(int n);
    printf("NO.5,age:% d\n",age(5));
    return 0;
}
int age(int n)
{
    int c;
    if(n= = 1)   c= 10;
    else    c= age(n- 1)+ 2;
    return(c);
}
```

运行结果如下：

```
NO.5,age:18
Press any key to continue_
```

本章作业

(1)求 sum＝a＋aa＋aaa＋…＋aa…a(代表 n 个 a)之值，其中 a 是一个数字，n 表示 a 的位数。例如：sum＝3＋33＋333＋3333＋33333(此时 n＝5)，a 和 n 均要求从键盘输入。

(2)从三个红球、五个白球、六个黑球中任意取出八个球，且其中必须有白球。列举所有可能的方案。

(3)输出所有的“水仙花数”。所谓“水仙花数”是指一个 3 位数，其各位数字立方和等于该数本身。例如 153 是一水仙花数，因为 $153=1^3+5^3+3^3$。

(4)有一个分数序列 2/1,3/2,5/3,8/5,13/8,21/13,…,求出这个数列的前 20 项之和。

(5)找出 1～n 之间所有的平方数。

(6)若干不同的数字,排列组合后能产生多少个平方数?

对于 1,6,9 排列后,可产生 3 个平方数:

169(13)

196(14)

961(31)

(7)有数字 1、2、3、4,能组成多少个互不相同且无重复数字的三位数?都是多少?

(8)一个整数,它加上 100 后是一个完全平方数,再加上 168 又是一个完全平方数,请问该数是多少?

(9)输入三个整数 x,y,z,请把这三个数由小到大输出。

(10)古典问题:有一对兔子,从出生后第 3 个月起每个月都生一对兔子,小兔子长到第三个月后每个月又生一对兔子,假如兔子都不死,问每个月的兔子总数为多少?

(11)将一个正整数分解质因数。例如:输入 90,打印出 90=2*3*3*5。

(12)两个乒乓球队进行比赛,各出三人。甲队为 a,b,c 三人,乙队为 x,y,z 三人。已抽签决定比赛名单。有人向队员打听比赛的名单。a 说他不和 x 比,c 说他不和 x,z 比,请编程实现找出三对赛手的名单。

(13)用递归法编程实现将所输入的 5 个字符以相反顺序打印出来。